化学化工综合实验

主　编　曾冬铭　陈立妙

副主编　刘又年

中南大学出版社
www.csupress.com.cn

·长沙·

图书在版编目(CIP)数据

化学化工综合实验 / 曾冬铭,陈立妙主编. —长沙:
中南大学出版社,2020.6
ISBN 978 - 7 - 5487 - 3987 - 6

Ⅰ.①化… Ⅱ.①曾… ②陈… Ⅲ.①化学实验②化学
工业－化学实验 Ⅳ.①O6 - 3②TQ016

中国版本图书馆 CIP 数据核字(2020)第 032848 号

化学化工综合实验
HUAXUE HUAGONG ZONGHE SHIYAN

曾冬铭　陈立妙　主编

□责任编辑	刘锦伟
□责任印制	周　颖
□出版发行	中南大学出版社
	社址:长沙市麓山南路　　　　邮编:410083
	发行科电话:0731 - 88876770　　传真:0731 - 88710482
□印　　装	长沙印通印刷有限公司

□开　　本	787 mm×1092 mm 1/16　　□印张 12　　□字数 292 千字
□版　　次	2020 年 6 月第 1 版　　□2020 年 6 月第 1 次印刷
□书　　号	ISBN 978 - 7 - 5487 - 3987 - 6
□定　　价	42.00 元

前言

Foreword

————————————————————●

　　化学、化工高年级学生实验历来各自为政，根据专业的需要设置项目，由于化学、化工及制药等专业有很大的相关性，其项目内容相互重叠、仪器设备重复建设、项目局限性大，设备利用率不高，致使开设的效率、效果都不尽如人意，为此特根据大专业的理念，本书编者把现有的化工、应化、制药等专业的专业实验及化学工程实验统一合并，理清专业学生的实验学习层次。从实验环节来说，可以分为四个层次：第一层次为化工原理实验，面向全院化学、化工、制药类的学生，要求全部学生选修，其内容主要为化工原理的实验；第二层次为专业性综合实验，面向全院化学、化工、制药类的学生，要求全部学生选修，其内容主要为化学化工学院的专业实验中带有共性的实验，强调项目的综合性，涉及化学、化工、材料、生物、能源、环保等方面的综合训练；第三层次是专业特色实验和科学训练，主要面向各专业的学生选修，其内容为各专业方向的特色实验以及科学研究方法和科技论文的写作方面的训练；第四个层次是成绩优秀的学生自己拟定实验项目和内容进行研究。通过多层次的培养，使学生既能获得更广泛的实验知识和技能，又能掌握本专业的科研方法与技巧。

　　本书主要涉及第二层次的专业性综合实验，也可以兼顾第三层次的专业特色实验和科学训练，还可以作为第四层次学生的实验项目参考。本书是各专业的教师通过反复讨论和论证，提炼出的各专业必备的共性的实验内容，结合多年的科研与教学经验，编写出的实验项目，所有内容经实验课中试运行后再修改完成。本书分为三大模块：第一大模块为研究类专业综合实验，涉及原料药、高分子材料、纳米材料、生物医学材料、吸附材料、电池材料等材料的制备、分离、干燥，性能、结构测定，废气监测和处理等，研究实验条件对性能、结构的影响，训练学生的科学思维和科学方法；第二大模块为工艺类专业综合实验，涉及生产过程中的工艺流程，包括萃取、干燥、催化反应、膜分离、离子交换等工艺，探讨工艺参数的调整与效果的关系，为工艺放大提供参数，训练学生的工程思维及技能；第三大模块为虚拟仿真专业综合实验，提供在真实实验无法完成的实验，如生产过程的参数调整、有毒药剂的使用、大型仪器的使用和参数调整、完整的工艺过程等，训练学生的安全意识及全面的综合能力。书中的实验项目一般需 8 个学时，也可以根据学时需要选取其中的部分来完成。

　　本书在实验设计过程中参考了相关的文献、数据，也得到了很多领导与老师的关心和支持，在此表示诚挚的谢意！

　　由于编者学识有限，时间仓促，错误难免，敬请批评指正。

编者

2019 年 12 月

目录

Contents

一、研究类专业综合实验　/1

（一）　有机药物合成化学　/3

实验1　化学原料药贝诺酯的制备　/3

实验2　二氢吡啶类心血管药物硝苯地平的合成　/5

（二）　高分子化学　/8

实验3　丙烯酸的自由基（水）溶液聚合及相对分子质量的测定　/8

（三）　纳米材料与光催化/环境治理　/12

实验4　纳米 TiO_2 的制备、表征及其光催化降解性能研究　/12

实验5　片状 $BiOCl$ 的制备、表征及其光催化降解性能研究　/17

实验6　Bi_2O_3 – $ZnAl/LDH$ 的制备及其光催化降解性能　/20

实验7　氧化锌纳米粉体的低温化学法合成与性能研究　/24

实验8　有机稀土配合物的合成及其荧光特征　/31

（四）　生物医学材料　/35

实验9　核黄素/海藻酸钠缓释微球的制备和释放动力学研究　/35

（五）　环境分析　/39

实验10　大气中污染物二氧化硫的采集和化学分析　/39

实验11　聚乙烯醇缩甲醛胶的制备、游离甲醛的消除与测定　/43

（六）　吸附材料　/48

实验12　氧化镁多孔材料的合成及比表面积的测定　/48

（七）　电化学　/54

实验13　电化学基础测试方法与技术训练　/54

实验 14　阴极电沉积法合成氢氧化镍及电化学性能测定　/ 64

实验 15　功能薄膜材料的电化学制备及性能检测　/ 68

实验 16　锂离子电池正极材料的电化学评价方法　/ 71

实验 17　超级电容器用导电聚合物的电化学合成及其性能表征　/ 76

二、工艺类专业综合实验　/ 81

（一）萃取　/ 83

实验 18　超临界二氧化碳萃取花生油　/ 83

（二）干燥　/ 88

实验 19　碳酸钙喷雾干燥实验　/ 88

（三）气体催化处理及测定　/ 93

实验 20　固定床反应器中乙醇催化脱水制乙烯　/ 93

（四）膜分离　/ 97

实验 21　组合膜分离法制备纯净水　/ 97

（五）离子交换　/ 105

实验 22　离子交换法处理含镍废水　/ 105

三、虚拟仿真专业综合实验　/ 111

实验 23　氰化浸金虚拟仿真实验　/ 113

实验 24　火法炼铜虚拟仿真实验　/ 125

实验 25　原子吸收分光光度法虚拟仿真实验　/ 133

实验 26　高效液相色谱虚拟仿真实验　/ 149

实验 27　氯化氢催化氧化及反应动力学虚拟仿真实验　/ 162

实验 28　锂硫电池材料制备、软包电池组装与性能测试虚拟仿真实验　/ 167

参考文献　/ 174

附录　/ 176

附录 1　氯化氢催化氧化及反应动力学虚拟仿真实验　/ 176

附录 2　Phenom 飞纳台式扫描电镜简易操作步骤　/ 183

附录 3　麦克－比表面积与孔径分析仪操作流程　/ 184

附录 4　其他　/ 186

一、研究类专业综合实验

（一）　有机药物合成化学

实验 1
化学原料药贝诺酯的制备

一、目的要求

（1）掌握 Schotten-Baumann 酯化反应的基本原理和基本操作；

（2）掌握贝诺酯化学原料药的合成和纯化操作；

（3）掌握回流反应、回流隔湿尾气吸收反应、控温滴液搅拌反应的基本操作；

（4）掌握旋转蒸发仪、显微熔点测定仪的使用方法；

（5）熟悉氯化试剂的选择原则及操作中的注意事项；

（6）掌握重结晶的基本操作及溶剂的选择方法；

（7）了解拼合原理在化学结构修饰方面的应用。

二、实验原理

贝诺酯为一种新型解热镇痛抗炎药，由邻乙酰氧基苯甲酸和对乙酰氨基酚经拼合原理制成，既保留了原药的解热镇痛功能，又减小了原药的毒副作用，并有协同作用，适用于急、慢性风湿性关节炎、风湿痛、感冒发烧、头痛及神经痛等。

贝诺酯为白色结晶性粉末，无臭无味，熔点为 174～178 ℃，不溶于水，微溶于乙醇，溶于氯仿、丙酮。

合成反应如下：

三、实验步骤

1. 氯化

在干燥的 100 mL 圆底烧瓶中，加入 2 滴吡啶、10 g 邻乙酰氧基苯甲酸和 5.5 mL 氯化亚砜，迅速装上球形冷凝器（顶端附氯化钙干燥管和尾气吸收装置）。油浴加热至 70 ℃，反应 70 min，冷却，加入 10 mL 无水丙酮，将反应液倾入干燥的 100 mL 滴液漏斗中，混匀，密闭备用。

2. 酯化

在装有电动搅拌器及温度计的 250 mL 三颈瓶中，加入 10 g 对乙酰氨基酚和 50 mL 水，冰水浴冷至 10 ℃左右，在搅拌下滴加 3.6 g 氢氧化钠与 20 mL 水配制的溶液，然后滴加自制的乙酰水杨酰氯丙酮溶液。将反应体系 pH 调至碱性，于 8～12 ℃时继续搅拌反应 1 h，将反应液抽滤，水洗至中性，得粗品。

3. 精制

取粗品置于装有冷凝器的 250 mL 圆底瓶中，加入 10 倍质量浓度的 95% 乙醇，水浴加热溶解。稍冷后，加活性炭脱色，趁热抽滤。滤液趁热转移至烧杯中，自然冷却结晶，抽滤，压干，干燥，测熔点，计算收率。

4. 结构分析

(1)红外光谱法、标准物 TLC 对照法。
(2)核磁共振谱法。

四、思考题

(1)在进行氯化反应时，操作上应注意哪些事项？
(2)在贝诺酯的制备方法中，为什么采用先制备对乙酰胺基酚钠，再与乙酰水杨酰氯进行酯化，而不直接酯化的方案？
(3)说明酯化反应在结构修饰上的意义。

实验 2

二氢吡啶类心血管药物硝苯地平的合成

一、目的要求

（1）掌握 Hanstzch 反应在二氢吡啶类心血管药物生产中的应用；
（2）掌握有机化合物的基本结构表征方法。

二、实验原理

实验原理如图 2 – 1 所示。

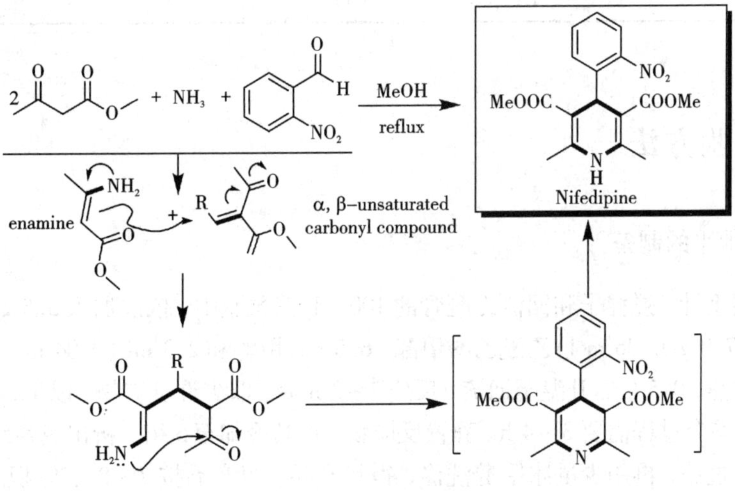

图 2 – 1　实验原理

三、实验材料

1. 仪器与设备

核磁共振谱仪(400 MHz) 1 台；磁力搅拌器(带加热) 1 套；减压过滤装置 1 套；旋转蒸发仪 1 台；电子天平 1 台；布氏漏斗、抽滤瓶 1 套；薄层色谱展开槽 1 个；三用紫外线分析仪 1 台；硅胶薄层层析板(20 mm×100 mm) 5 片；滤纸 5 张；500 mL 烧杯 1 个；10 mL 量筒 1 个；核磁管 1 根。

2. 试剂和药品(每组所需试剂)

试剂和药品原料用量如表 2 - 1 所示。

表 2 - 1　原料用量

原料名称	规格	用量	摩尔质量/(g·mol^{-1})	物质的量/mol
邻硝基苯甲醛 CAS 号：552 - 89 - 6	AR	3.5 g	151.12	0.025
乙酰乙酸甲酯 CAS 号：105 - 45 - 3	AR	7.0 g	116.11	0.06
氨水	AR(28% ~30%)	3 mL		0.04
甲醇	AR	7 mL		—

四、实验方法

1. 硝苯地平的制备

往装有温度计、搅拌子和回流冷凝管的 100 mL 三颈瓶中，依次加入 3.5 g(0.025 mol)邻硝基苯甲醛、7.0 g(0.06 mol)乙酰乙酸甲酯、6.5 mL 甲醇和 2.3 mL(0.04 mol)氨水。在搅拌条件下缓慢加热，0.5 h 后升温至回流，反应 2 ~3 h 后，取少许反应物，以 TLC 薄层色谱法检验反应情况，整个过程需要 3 ~4 h。静置反应物，将其冷却至 5 ℃，析出黄色结晶物，用布氏漏斗进行减压过滤，再用少量冰甲醇洗涤，得粗产品，粗产品按 7 ~8 倍体积的甲醇重结晶，冷却，过滤，再用少许冰甲醇洗涤，在 75 ℃下干燥，得浅黄色结晶物，熔点为 172 ~174 ℃。

2. 硝苯地平结构表征

取 10 mg 上述产品，装入核磁管中，加入 0.5 mL CDCl$_3$ 溶解；用记号笔在核磁管上标注样品编号，在教师指导下按以下操作规程进行 ^{1}H、^{13}C 测试。

选择课题组账号（Change User）→输入密码→双击样品对应转子（Holder 编号 1~24），输入：Name，样品名；No，实验编号；Solvent，选择溶剂；Experiment，实验内容（^{1}H，^{13}CCPD）→Submit（若填错，则 Cancel→Edit→Submit）→Start→Start；可重复以上操作，提交新的实验；全部结束后点击"Stop"，清空样品序列（右键选择 Delete）；切换到 Idle 用户界面即可。

3. 注意事项

（1）反应开始时，缓慢加热，避免大量氨气逸出；
（2）使用核磁共振谱仪时，注意操作规程，避免仪器损坏。

五、思考题

（1）整个反应中可能会发生哪些副反应？
（2）简述核磁共振的基本原理。
（3）为什么碳谱选择氢去耦？
（4）什么是 CAS 号？

（二） 高分子化学

实验 3
丙烯酸的自由基（水）溶液聚合及相对分子质量的测定

一、目的要求

（1）了解水溶性高分子的制备与表征（方法及原理）；

（2）掌握高分子聚合的一般技术及操作；

（3）掌握黏度法测定高分子相对分子质量的方法和技术；

（4）熟悉丙烯聚合的相关事项（引发方法、聚合方式、影响因素等）。

二、实验原理

在自由基引发作用下，烃类单体分子中的不饱和键打开（链引发），并与其他单体作用形成新的自由基（链增长），分子间进行重复多次的反应，最终把许多单体连接起来，形成大分子。这种自由基聚合方式是人类开发最早、研究最为透彻的一种聚合反应，在高分子合成工业中是应用最广泛的化学反应之一，目前 60% 以上的聚合物是通过自由基聚合得到的，如低密度聚乙烯、聚苯乙烯、聚氯乙烯、聚甲基丙烯酸甲酯、聚丙烯腈、聚醋酸乙烯、丁苯橡胶、丁腈橡胶、氯丁橡胶等。丙烯酸是聚合速度非常快的乙烯类单体，遇光、热、过氧化物均容易发生聚合。按反应体系的物理状态不同，其聚合的实施方法可分为本体聚合、沉淀聚合、溶液聚合、反相乳液聚合、悬浮聚合和超临界二氧化碳聚合等。它们的特点不同，所得产品的形态与用途也不相同。聚合热吸收情况良好的水溶液聚合、沉淀聚合是水溶性聚丙烯酸产品常采用的制备方法。

自由基聚合过程有四个基元反应，分别示意如下：

(1)链引发反应。

链引发反应为引发剂分解产生初级自由基,初级自由基与单体加成生成单体自由基的反应过程。

$$I \xrightarrow{K_d} 2I \cdot (引发活性种,初级自由基,引发自由基)$$

$$I \cdot + H_2C=\underset{\underset{X}{|}}{CH} \xrightarrow{K_i} I—CH_2—\underset{\underset{X}{|}}{\overset{\cdot}{CH}}$$

$$M \cdot$$

速率控制反应:引发剂分解

$$R_i = d[M \cdot]/dt = 2fk_d[I]$$

(2)链增长反应。

链增长反应为单体自由基与单体加成生产新的自由基,如此反复生成增长链自由基的过程。

$$I—CH_2—\underset{\underset{X}{|}}{\overset{\cdot}{CH}} + H_2C=\underset{\underset{X}{|}}{CH} \underset{}{\overset{k_p}{\rightleftharpoons}} \sim\sim CH_2—\underset{\underset{X}{|}}{\overset{\cdot}{CH}} \nearrow 增长链自由基$$

$$M \cdot$$

$$R_p = -d[M]/dt = k_p[M][M \cdot]$$

(3)链终止反应。

链终止反应为增长链自由基失去活性生成聚合物分子的过程。

偶合终止:

$$2\sim\sim CH_2—\underset{\underset{X}{|}}{\overset{\cdot}{CH}} \xrightarrow{k_{tc}} \sim\sim CH_2—\underset{\underset{X}{|}}{CH}—\underset{\underset{X}{|}}{CH}—CH_2\sim\sim$$

歧化终止:

$$2\sim\sim CH_2—\underset{\underset{X}{|}}{\overset{\cdot}{CH}} \xrightarrow{k_{td}} \sim\sim CH_2—\underset{\underset{X}{|}}{CH_2} + \sim\sim CH=\underset{\underset{X}{|}}{CH}$$

$$R_t = -d[M \cdot]/dt = 2k_t[M \cdot]^2$$

式中:$k_t = k_{tc} + k_{td}$。

(4)链转移反应。

链转移反应为增长链自由基从体系中其他分子夺取原子或被其他分子夺取原子,使其本身失去活性生成聚合物分子,被夺取或夺得原子的分子生成新的自由基的反应过程。

$$\sim\sim CH_2—\underset{\underset{X}{|}}{\overset{\cdot}{CH}} + S \xrightarrow{k_{tr}} \sim\sim CH_2—\underset{\underset{X}{|}}{CH_2} + S \cdot$$

$$\text{\textasciitilde\textasciitilde CH}_2\text{—}\overset{\bullet}{\text{CH}} + S \xrightarrow{k_{tr}} \text{\textasciitilde\textasciitilde CH}=\text{CH} + \overset{\bullet}{\text{SH}}$$

$$\underset{X}{}\qquad\qquad\qquad\underset{X}{}$$

$$R_{tr} = k_{tr}[S][M\cdot]$$

反应过程中通过控制引发剂种类与用量、反应温度、单体浓度等条件可实现对聚合速度的控制,从而提高产品品质(溶解性、相对分子质量、色度等)。

三、实验装置和仪器

本试验所需仪器有电子天平、精密 pH 计、干燥设备、过滤设备、N_2 置换装置、乌氏黏度计等。

四、实验内容

考察影响聚合物相对分子质量及溶解度的常见因素,如溶液 pH、引发剂种类、用量、温度、聚合方法(水溶液聚合、沉淀聚合)等,并测定产品的相对分子质量及溶解度。

注:每组可任选其中一个因素进行实验。

五、实验操作

1. 单体的精制

将体积分数为 40% 左右的丙烯酸水溶液用活性炭加以处理,除去其所含阻聚剂 MEHQ。

2. 引发体系准备

采用过氧化物(过硫酸铵)- 还原剂(亚硫酸钠)组成的氧化还原体系作引发剂,先分别配制成 0.1 g/L 的溶液,避光保存。

3. 聚合反应(水溶液聚合)

以碳酸钠溶液调节丙烯酸水溶液的 pH,而后将该水溶液送入有可能进行水冷却的、紧凑的聚合装置,以雾状送入氮气置换,使分子态氧实质上不再存在(体积分数低于约 3×10^{-8}),添加引发剂,装袋。将密封的袋子放入自来水中聚合,得到胶状产品。

4. 产品表征

将胶状产品切小块干燥、溶解,采用 GB 17514—2008 中的方法测定相对分子质量。

六、实验注意事项

操作注意事项：密闭操作，加强通风。如果接触皮肤或溅入眼睛，立即用大量流动清水冲洗至少 15 min。

七、思考题

(1)高分子相对分子质量的调节手段有哪些？如何实施？

(2)高分子结构表征技术有哪些？各有什么优缺点？

（三）　纳米材料与光催化/环境治理

实验 4

纳米 TiO_2 的制备、表征及其光催化降解性能研究

一、实验目的

（1）了解液相水解法制备纳米 TiO_2 粉体的原理和方法；

（2）了解纳米 TiO_2 粉体的表征方法；

（3）了解 TiO_2 的光催化降解的原理和降解活性的检测方法。

二、背景知识及实验原理

纳米 TiO_2 为白色或透明状的颗粒，有 3 种晶型，即金红石、锐钛矿和板钛矿结构，其中金红石和锐钛矿属于四方晶系。纳米 TiO_2 化学性能稳定，常温下几乎不与其他化合物反应，不溶于水、稀酸，微溶于碱和热硝酸，且具有生物惰性，纳米 TiO_2 具有热稳定性，无毒性。

纳米科技是 20 世纪 80 年代兴起的高新技术，它一问世就显示出在科学技术领域的重要地位，纳米材料的制备、性能及应用的研究已经成为人们共同关注的前沿课题。在众多纳米材料中，TiO_2 纳米材料因具有独特的光催化性、有益的颜色效应及紫外线屏蔽功能，在催化剂载体、抗紫外线吸收剂、功能陶瓷、军事以及气敏传感器件等方面具有广阔的应用前景而备受关注。

纳米 TiO_2 是一种典型半导体材料，禁带宽度较宽，其中锐钛矿为 3.2 eV，金红石为 3.0 eV，当它吸收了波长小于或者等于 387.5 nm 的光子后，价带中的电子就会被激发到导带，形成带负电的高活性电子 e^-，同时在价带上产生带正电荷的空穴 h^+，吸附在 TiO_2 表面的氧俘获电子形成 $\cdot O_2^-$，而空穴则将吸附在 TiO_2 表面的 OH^- 和 H_2O 氧化成 $\cdot OH$。作

用机理可以用以下方程式表示：

$$TiO_2 \longrightarrow e^- + h^+$$
$$h^+ + H_2O \longrightarrow \cdot OH + H^+$$
$$h^+ + OH^- \longrightarrow \cdot OH$$
$$O_2 + e^- \longrightarrow \cdot O_2^-$$
$$\cdot O_2^- + H^+ \longrightarrow HO_2 \cdot$$
$$2HO_2 \cdot \longrightarrow O_2 + H_2O_2$$
$$H_2O_2 + \cdot O_2^- \longrightarrow \cdot OH + OH^- + O_2$$
$$h^+ + e^- \longrightarrow (电子 - 空穴对复合)能量辐射$$

反应生成的原子氧和氢氧自由基有很强的化学活性，能分解有毒的无机化合物、降解大多数有机物。特别是原子氧能与多数有机物反应（氧化反应），同时能与细菌内的有机物反应，生成 CO_2、H_2O 及一些简单的无机物，从而杀死细菌，清除恶臭和油污。实验证明，纳米材料能处理 80 多种有毒化合物及细菌，包括工业有毒溶剂、化学杀虫剂、防腐剂、油污以及对人体有害的细菌等。其作用机理可以用以下反应式说明：

$$R—C_2H_5 + 2 \cdot OH \longrightarrow R—C_2H_4OH + H_2O$$
$$R—C_2H_4OH + O_2 \longrightarrow R—C_2H_3O + H_2O$$
$$R—C_2H_3O + O_2 \longrightarrow R—CH_2COOH + H_2O$$
$$R—CH_2COOH \longrightarrow R—CH_3 + CO_2$$

每降解一个碳原子，便生成一个 CO_2，重复往复直到脂肪族有机物完全转化为 CO_2 为止。光催化降解有机物的示意图如图 4 - 1 所示。

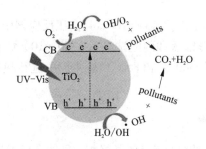

图 4 - 1 TiO₂ 对有机物的光催化降解原理

纳米 TiO_2 的制备方法很多，有化学沉淀法、热分解法、高温固相反应法、溶胶 - 凝胶法、气相沉积法、水热法等。本实验采用液相水解法制备纳米 TiO_2 粉体，并对其进行结构、性能表征，以甲基橙的光催化降解为模型反应，考察所制备的 TiO_2 纳米晶的光催化活性。

三、试剂和仪器

试剂：四氯化钛、钛酸四丁酯、乙醇、甲基橙（以上试剂均为分析纯）、氨水、蒸馏水等。

仪器：电磁搅拌器、超声波分散器、鼓风式恒温干燥箱(0～300 ℃)、马弗炉、差热分析仪、激光粒度测试仪、扫描电镜、X－射线衍射仪、多功能光催化反应仪、ASAP2010型比表面和孔径分布测定仪、紫外－可见分光光度计、电子天平等。

四、实验内容和步骤

1. TiO_2 粉体的制备

方法一：

(1)量取 8 mL $TiCl_4$ 于 100 mL 蒸馏水中，同时剧烈搅拌，搅拌均匀后，用 1 mol/L 氨水调 pH 到 6.0，得到白色胶体。

(2)将胶体减压抽滤，用去离子水洗涤滤饼，脱去其中的 Cl^-(至用 $AgNO_3$ 检测不出 Cl^-)，分别移入 500 ℃ 和 850 ℃ 马弗炉中进行热处理 4 h，得到 TiO_2 颗粒。

方法二：

(1)量取 8 mL 钛酸四丁酯于 20 mL 乙醇中，搅拌均匀后，用胶头滴管逐渐滴加蒸馏水，直到形成凝胶。

(2)将胶体移于 75 ℃ 烘箱中烘干(形成具有脆性的固体)，再用研钵研碎，分别移入 500 ℃ 和 850 ℃ 马弗炉中进行热处理 4 h，得到 TiO_2 颗粒。

方法三：

(1)量取 4 mL $TiCl_4$ 于 50 mL 蒸馏水中，同时剧烈搅拌，搅拌均匀后，用 10 mol/L NaOH 调 pH≤2。

(2)将溶液移入内衬为聚四氟乙烯的 100 mL 高压反应器中，在 180 ℃ 下水热反应 4 h，反应完后过滤，滤饼分别用蒸馏水和丙酮洗涤后在 80～100 ℃ 下干燥得产物。

(3)将上述产物分别移入 500 ℃ 和 850 ℃ 马弗炉中进行热处理 4 h，得到不同晶相的 TiO_2 颗粒。

2. 掺杂 TiO_2 粉体的制备

在 TiO_2 粉体中掺入物质的量比为 5% 的 ZnO，具体合成方法同上。

3. 样品的性能测试

1)结构表征

(1)热分析实验(TG－DTA)：80 ℃ 烘干后的 TiO_2 粉体的热稳定性实验在差热仪上进行。以 $\alpha-Al_2O_3$ 为标样，载气为 N_2，流速为 40 mL/min，升温速度为 10 ℃/min。在室温条件下，以载气吹扫 30 min 后，在 20～900 ℃ 范围内程序升温测试。

(2)X－射线衍射(XRD)：使用 Cu Kα 辐射源，入射波长为 0.15406 nm，X－射线管的工作电压和电流分别为 36 kV 和 20 mA。将粉末样品于载波片上加压制成片状，扫描范围 (2θ) 为 5°～75°。测定样品的晶型，确定所得产物中是否含有杂相物质。

(3)扫描电镜：采用 Phenom(飞纳)台式扫描电镜观察样品形貌。具体制样过程是，干燥样品，用导电胶将样品固定，将少量粉末样品黏附在样品台，用 N_2 轻轻喷吹样品，除去松动的粉末，操作时磁性材料及金属样品需更加小心处理，对于导电性不好的样品，可以喷金后再测。测试方法见附录2。

　　不同煅烧温度下 TiO₂ 粉体的 XRD 标准谱图及扫描电镜图见图 4-2 和图 4-3。

　　(4)催化剂的比表面积：用 ASAP2010 型比表面和孔径分布测定仪测定。具体制样过程是，将样品干燥，称取 0.1 g 置于样品管中，在 363 K 条件下进行 N_2 脱气 4 h，然后进行测样。测试方法见附录3。

　　(5)催化剂的粒径测定：用激光粒度测试仪测定。

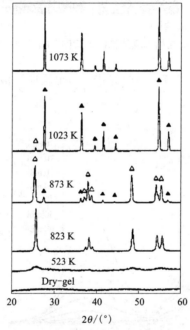

图 4-2　不同煅烧温度下所得样品的 XRD 谱图

2)性能表征

　　(1)光学性能：在室内环境下用紫外-可见分光光度计测定催化剂的 UV-Vis 漫反射吸收光谱。

　　(2)光催化性能测试。

　　①甲基橙溶液的配制。准确称取 10 mg 甲基橙，用一定量的蒸馏水溶解，然后转移至 1 L 容量瓶中，稀释至刻度，得质量浓度为 10 mg/L 的溶液。

　　②取 50 mg 催化剂和 50 mL 的甲基橙溶液(10 mg/L)于光反应试管中混合，将光反应试管移入多功能光催化反应仪中，暗条件下搅拌 30 min，然后打开紫外灯照射；在催化反应一定时间间隔(20 min、40 min、60 min、80 min、100 min、120 min)内取样，取 5 mL 反应溶液放入离心管中，以 4000 r/min 速度离心 10 min，然后取上层清液。使用紫外-可见分光光度计在 460 nm 处测其吸光度，根据吸光度计算样品中甲基橙的浓度。催化剂的光催化活性以甲基橙的相对浓度表示(c/c_0)，其中 c 与 c_0 分别是光照前、后的浓度。也可采用

(a) 锐钛矿　　　　　　　　(b) 金红石

图4-3　不同晶相样品的扫描电镜图：(a)锐钛矿；(b)金红石

紫外－可见分光光度计扫描溶液的吸收光谱，作出反应溶液吸收光谱随时间的变化曲线，如图4-4所示。

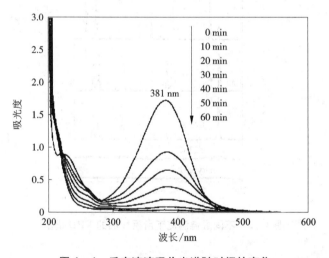

图4-4　反应溶液吸收光谱随时间的变化

③以相对浓度对时间作图，绘制出降解效果与时间的关系，找出最佳的光反应时间。

（3）自行设计光催化降解实验。

模仿（2）中的方法，根据本专业的特点，选择一种有机废水（模拟）进行光催化降解实验，设计出实验方案。要求该种废水必须能通过紫外－可见分光光度计测定出来，确定最大吸收波长，然后进行实验。

五、问题和讨论

（1）试写出 $TiCl_4$ 在水溶液中水解的反应方程式，并简述加氨水的作用。

（2）结合所得到的实验结果，试阐述 TiO_2 光催化活性的影响因素。

（3）查阅文献自行设计一个光催化降解的装置。

实验 5

片状 BiOCl 的制备、表征及其光催化降解性能研究

一、实验目的

（1）了解片状 BiOCl 的制备原理和方法；

（2）了解片状 BiOCl 的表征方法；

（3）了解片状 BiOCl 的光催化降解的原理和降解活性的检测方法。

二、背景知识及实验原理

见实验 4 的相关内容。

三、试剂和仪器

试剂：$Bi(NO_3)_3 \cdot 5H_2O$、HNO_3、乙醇、KCl、罗丹明 B，以上试剂均为分析纯；蒸馏水等。

仪器：电磁搅拌器、超声波分散器、高速离心机、鼓风式恒温干燥箱（0～300 ℃）、差热分析仪、激光粒度测试仪、扫描电镜、X－射线衍射仪、多功能光催化反应仪、ASAP 2010 型比表面和孔径分布测定仪、紫外－可见分光光度计、电子天平等。

四、实验内容和步骤

1. 片状 BiOCl 的制备

称取 2.425 g $Bi(NO_3)_3 \cdot 5H_2O$，溶解于 8.5 mL 2 mol/L HNO_3 和 3.5 mL 去离子水中，搅拌至溶液澄清。称取 2.98 g KCl，加入 70 mL 水并缓慢滴加上述溶液，搅拌 10 min 后将沉淀物过滤并用去离子水和无水乙醇冲洗，将沉淀物放在普通鼓风干燥箱中于 60 ℃ 干燥 1 h。

2. 样品的性能测试

1) 结构表征

(1) 热分析实验(TG-DTA)：片状 BiOCl 的热稳定性实验在差热仪上进行。以 α-Al_2O_3 为标样，载气为 N_2，流速为 40 mL/min，升温速度为 10 ℃/min。在室温条件下，以载气吹扫 30 min 后，在 20~900 ℃ 范围内程序升温测试。

(2) X-射线衍射(XRD)：使用 Cu Kα 辐射源，入射波长为 0.15406 nm，X-射线管的工作电压和电流分别为 36 kV 和 20 mA。将粉末样品于载玻片上加压制成片状。扫描范围 (2θ) 为 5°~75°。测定样品的晶型，也可以知道所得产物中是否含有杂相物质。

(3) 扫描电镜：采用 Phenom(飞纳)台式扫描电镜观察样品形貌。具体制样过程是，干燥样品，用导电胶将样品固定，将少量粉末样品黏附在样品台，用 N_2 轻轻喷吹样品，除去松动的粉末，磁性材料及金属样品需更加小心处理，对于导电性不好的样品，可以喷金后再测。测试方法见附录2。

(4) 催化剂的比表面积：用 ASAP 2010 型比表面和孔径分布测定仪测定。具体制样过程是，将样品干燥，称取 0.1 g 置于样品管中，在 363 K 条件下进行 N_2 脱气 4 h，然后进行测样。测试方法见附录3。

(5) 催化剂的粒径测定：用激光粒度测试仪测定。

2) 性能表征

(1) 光学性能：在室内环境下用紫外-可见分光光度计测定 BiOCl 催化剂的 UV-Vis 漫反射吸收光谱。

(2) 光催化性能测试。

① 罗丹明 B 溶液的配制。准确称取 10 mg 罗丹明 B，用一定量的蒸馏水溶解，然后转移至 1 L 容量瓶，稀释至刻度，得质量浓度为 10 mg/L 的溶液。

② 使用紫外-可见分光光度计检测罗丹明 B 溶液的最大吸收波长。用一次蒸馏水作参比溶液，测定紫外-可见波段下罗丹明 B 溶液的吸光度。以吸光度 A 为纵坐标，波长 λ (nm) 为横坐标作图，确定罗丹明 B 溶液的最大吸收波长在 550 nm 处。

③ 绘制标准曲线。分别配制浓度为 1~10 mg/L 范围内罗丹明 B 的标准溶液，在波长 550 nm 处检测溶液的吸光度 A，据此作标准曲线，得到线性回归方程。

④ 取 50 mg 催化剂和 50 mL 的罗丹明 B 溶液(10 mg/L)于光反应试管中混合，超声分散均匀，将光反应试管移入多功能光催化反应仪中，暗条件下搅拌 30 min，取样 5 mL，放入离心管中，以 4000 r/min 速度离心 10 min，然后取上层清液。使用紫外-可见分光光度计在 550 nm 处测其吸光度。取出样品后的反应试管及时放入多功能光催化反应仪，打开氙灯，功率调至 500 W，进行光照降解。在催化反应一定时间间隔(20 min、40 min、60 min、80 min、100 min)内，取 5 mL 反应溶液放入离心管中，离心，取上层清液，测其吸光度，根据吸光度计算样品中罗丹明 B 的浓度。催化剂的光催化活性以罗丹明 B 的相对浓度表示(c/c_0)，其中 c 和 c_0 分别是光照前、后的浓度。

⑤ 在其他条件不变的情况下，考察不同催化剂用量(自行确定)对光降解罗丹明 B 溶液的影响。

⑥在其他条件不变的情况下，考察不同 pH 对光降解罗丹明 B 溶液的影响(实验采用酸、碱来调节溶液的 pH，范围为 2.0 ~ 10.0)。

⑦以相对浓度对时间作图，绘制出降解效果与时间的关系，找出最佳的光反应时间。

(3)自行设计光催化降解实验。

模仿(2)中的方法，根据本专业的特点，选择一种有机废水(模拟)进行光催化降解实验，设计出实验方案。要求该种废水必须是能通过紫外 – 可见分光光度计测定出来的，确定最大吸收波长，然后进行实验。

五、问题和讨论

(1)试写出制备 BiOCl 时在水溶液中的反应方程式，并说明加 HNO_3 的作用。

(2)结合所得到的实验结果，试说出影响 BiOCl 光催化活性的因素。

(3)查阅文献自行设计一个光催化降解的装置。

实验6

Bi₂O₃ – ZnAl/LDH 的制备及其光催化降解性能

一、实验目的

(1)了解光催化降解原理;

(2)掌握光催化降解装置的基本结构和操作方法;

(3)掌握 Bi_2O_3 – ZnAl/LDH 光催化剂的制备方法;

(4)考察影响 Bi_2O_3 掺杂的锌铝水滑石杂化材料光催化降解性能的因素。

二、实验原理

Bi_2O_3 的能隙比 ZnO 的小,更容易吸收太阳光。Bi_2O_3 价带上的电子吸收光子的能量,越过禁带,激发到 Bi_2O_3 的导带上。此时,价带留下带正电荷的空穴,导带上存在负电荷。因为 ZnO 价带位能高于 Bi_2O_3 的价带位能(更负),空穴通过良好的异质结构向 ZnO 的价带转移,此时 Bi_2O_3 的价带重新得到电子。

光催化剂表面吸附的物质有氧气、氢氧根等,可以在电子和空穴上发生氧化还原反应,O_2 在 Bi_2O_3 的导带上得到电子生成 $·O_2^-$,位于 ZnO 价带上的 OH^- 提供电子生成 $·OH$,这些生成的表面自由基几乎可以将所有的有机物直接氧化降解成二氧化碳和水等无机小分子物质,从而达到光催化降解的效果,其基本反应式如下:

$$OH^- + h_{VB}^+ \longrightarrow ·OH$$
$$H_2O + h_{VB}^+ \longrightarrow H_2O·$$
$$O_2 + e^- \longrightarrow ·O_2^-$$
$$亚甲基蓝 + ·OH + O_2 \longrightarrow CO_2 + H_2O + 其他产物$$
$$亚甲基蓝 + ·O_2^- \longrightarrow CO_2 + H_2O + 其他产物$$

光催化降解机理如图6-1所示。

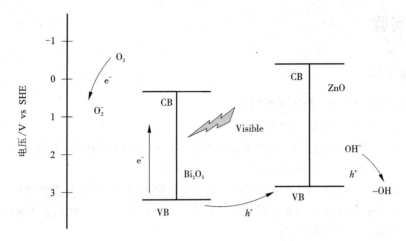

图 6 - 1   Bi$_2$O$_3$ - ZnAl/LDH 的光催化降解机理

三、实验装置和仪器

本试验所需仪器有电子天平、精密 pH 计、紫外 - 可见分光光度计、光化学反应仪等，试验装置如图 6 - 2 所示。

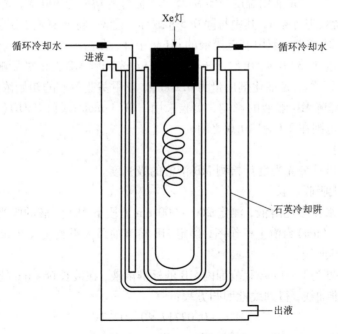

图 6 - 2   光化学反应仪示意图

四、实验

1. 实验步骤

1)Bi_2O_3 – ZnAl/LDH 催化剂的制备

(1)配制一定浓度的 A 液和 B 液。

A 液:将 0.03 mol 硝酸锌、总物质的量为 0.01 mol 的硝酸铝和硝酸铋(Al^{3+}/Bi^{3+} 物质的量比为 2:1)溶于 200 mL 蒸馏水中。

B 液:将 0.02 mol 无水碳酸钠和 0.09 mol 氢氧化钠溶于 200 mL 蒸馏水中。

(2)向 B 液中缓慢加入 A 液,搅拌后,形成乳白色的悬浊液。将其置于 80 ℃烘箱中晶化 24 h,以形成水滑石层板结构。

(3)晶化完成后离心水洗至 pH 为 7,将产物在 80 ℃条件下干燥,冷却后研磨成粉末,即得光催化材料前体。

2)Bi_2O_3 – ZnAl/LDH 光降解亚甲基蓝性能研究

配制 80 mg/L 的亚甲基蓝溶液,备用,使用前用蒸馏水稀释到 8 mg/L。量取 400 mL 亚甲基蓝溶液(MB),倒入光化学反应仪中,加入催化剂样品。先在黑暗模式下磁力搅拌,一定间隔下取样,使用 0.45 μm 水系滤膜过滤,所得滤液分别置于已编号的比色管内,用紫外可见分光光度计检测滤液浓度。当溶液浓度无明显变化时,固液界面达到吸附平衡。然后开启光照模式,将光催化温度设定在 25 ℃,氙灯的功率为 300 W,光强电流调节到 5.0 A。降解反应持续进行 4 h,其中每隔 0.5 h 取样,过滤,将滤液置于试管内,编号待测。

①当温度为 25 ℃时,亚甲基蓝溶液的 pH 呈中性,在初始浓度为 8 mg/L 的条件下,考察不同催化剂用量(0.3、0.4、0.5、0.6 和 0.7 g)对光降解 MB 溶液的影响。

②在温度为 25 ℃,光催化剂用量为 0.500 g,亚甲基蓝溶液的初始浓度为 8 mg/L,考察不同 pH 对光降解 MB 溶液的影响,实验采用 HCl(1 mol/L)和 NaOH(1 mol/L)来调节 MB 溶液的 pH,范围在 2.0 和 10.0 之间。

(1)分析方法:

使用紫外–可见分光光度计检测 MB 溶液的吸光度。

(2)确定最大吸收波长:

用一次蒸馏水作参比溶液,测定 200 ~ 900 nm 波段下 MB 溶液的吸光度,以吸光度 A 为纵坐标,波长 λ(nm)为横坐标作图,确定 MB 溶液的最大吸收波长在 664 nm 处。

(3)绘制标准曲线:

分别配制浓度为 1 ~ 9 mg/L 范围内 MB 的标准溶液,在波长 664 nm 处检测溶液的吸光度 A,据此作标准曲线,得到线性回归方程:

$$A = -0.02717 + 0.20717x$$

式中:A 为吸光度;x 为 MB 的质量浓度,mg/L。

　　线性拟合得出相关系数 $R^2 = 0.9987$，这说明 MB 的浓度 x 与吸光度 A 具有较好的相关性，如图 6 – 3 所示。

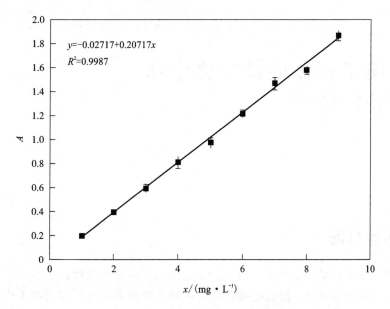

$y = -0.02717 + 0.20717x$

$R^2 = 0.9987$

图 6 – 3　亚甲基蓝溶液的标准曲线

　　(4)绘制 MB 的光降解曲线。

　　将检测得到的吸光度值带入回归方程，计算得到降解过程中 MB 的浓度 $c(\mathrm{mg/L})$。以光照时间 t 为横坐标，$(c_0 - c)/c_0(\%)$ 为纵坐标作图，即得到不同时刻下亚甲基蓝的光降解情况。

五、实验报告

　　绘制 MB 的光降解曲线。

实验 7
氧化锌纳米粉体的低温化学法
合成与性能研究

一、实验目的

(1)了解一些常规低温液相化学方法制备纳米材料的基本原理;

(2)学习 X - 射线衍射、扫描电镜、紫外 - 可见光光谱等分析方法在无机物合成中的应用;

(3)了解纳米 ZnO 半导体的发光性能,熟悉荧光仪的使用方法。

二、背景知识及实验原理

氧化锌(ZnO)是一种宽禁带直接迁移型半导体功能材料,单晶 ZnO 为六方晶体(纤锌矿)结构,室温下的禁带宽度为 3.37 eV,激子束缚能高达 60 MeV。该激子室温下不易被电离,使激发发射机制有效,这将大大降低 ZnO 在室温下的激射阈值,有可能实现较强的紫外受激辐射,可用来制作紫外光激光器和探测器。另外,ZnO 还被广泛地应用于制作发光显示器件、声表面波器件、压敏材料、气敏传感器、异质结的 n 极和磁性材料器件及透明导电膜等。纳米级 ZnO 由于粒子尺寸小,比表面积大,具有表面效应、量子尺寸效应和小尺寸效应等,与普通 ZnO 相比,表现出许多特殊的性质,如无毒、非迁移性、压电性、荧光性、吸收和散射紫外线的能力。这一新的物质形态赋予了 ZnO 在科技领域许多新的用途。ZnO 的禁带宽度为 3.37 eV,它所对应的吸收波长为 388 nm,由于量子尺寸效应,当粒度为 10 nm 时,禁带宽度增加到 4.5 eV,因此它不仅能吸收紫外波长(320 ~ 400 nm),而且对紫外中波 280 ~ 320 nm 也有很强的吸收能力,因此它是一种很好的紫外屏蔽剂,可制得紫外光过滤器、化妆品防晒霜;纳米 ZnO 的比表面积大,表面活性中心多,在阳光,尤其在紫外线照射下,在水和空气中,能自行分解出自由移动的带负电荷的电子(e^-),同时留下带正电荷的空穴(h^+),这种空穴可以激活空气和水中的氧以使之变为活性氧,它能与多种有机物(包括细菌)发生氧化反应,从而除去污染和杀死病毒。因而可作为高效光催化剂,用于降解废水中的有机污染物,净化环境;纳米 ZnO 对外界环境十分敏感,从而成为非常有用的传感器材料，如用纳米 ZnO 制作气体报警器和吸湿离子传导温度计等；纳米 ZnO 对电磁波、可见光和红外线都具有吸收能力，用它作隐身材料，不仅能在很宽的频带范围内逃避雷达的侦察，而且能起到红外隐身的作用。同时，ZnO 是熔点为 1975 ℃ 的氧化物，具有很强的热稳定性和化学稳定性，又由于它是无机物，具有无毒、无刺激、不变质的特点，故备受青睐。因而采用各种方法制备、开发和使用纳米 ZnO 已成为材料科技领域一大新的研究热点。

纳米结构 ZnO 半导体的发光来源于电子和空穴的激子辐射复合发光。半导体纳米颗粒受光照激发后产生电子 - 空穴对（激子），电子与空穴复合的可能途径有：导带电子与俘获的空穴复合；俘获的电子与价带的空穴复合。这种直接复合产生了激子态发光。由于纳米结构 ZnO 具有宽的禁带隙（$E_g = 3.37$ eV）、大的比表面积、材料接口中的空穴浓度大以及小尺寸效应等特点，从而导致其电子的平均自由程局限在纳米空间，与激光波长相当，进而引起电子和空穴波函数的重叠，易形成 Wannier 激子。由于量子限域效应和电子与空穴之间的 Coulomb 作用，高浓度激子在能隙中靠近导带底形成激子能级，见图 7 -1，激发能被在禁带中分立的中心吸收，产生激子发光。可见，半导体纳米结构 ZnO 的发光机制在于

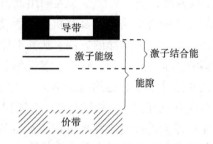

图 7 -1　纳米 ZnO 激子能级

纳米结构材料内部的量子限域效应，即在纳米晶粒内部激发的光电子是通过晶粒边界深复合能级的激子复合发光，属于复合发光中心的发光材料。发光中心是导带中的电子与价带中的空穴或禁带中的定域能级间的电子空穴复合产生的激子态发光。纳米结构 ZnO 的发光机制是通过量子限域 - 发光中心进行的。纳米结构 ZnO 典型的发射光谱如图 7 -2 所示。

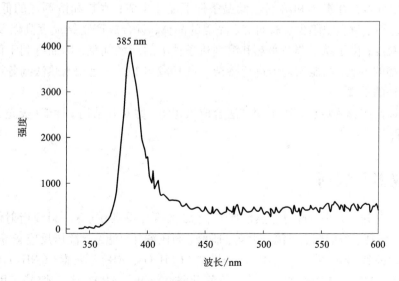

图 7 -2　纳米 ZnO 粉体材料的典型发射光谱

　　氧化物纳米材料的制备方法有很多，有高温固相法、溶胶凝胶法、燃烧法、化学沉淀法、水热法等。溶胶凝胶法是 20 世纪 60 年代发展起来的一种制备玻璃、陶瓷等无机材料的工艺，其基本原理是用金属醇盐水解直接形成溶胶或者经解凝形成溶胶，然后使溶胶聚合凝胶化，再将凝胶干燥焙烧去除有机成分，最后得到无机材料。由于该方法具有化学均匀性好、产品纯度高、颗粒细、烧结温度低和可容纳不溶性组分或不沉淀组分等优点而得到广泛应用。然而用此法制备的产品容易产生团聚块。柠檬酸溶胶凝胶法是以柠檬酸和无机金属盐做原料，所涉原料便宜，同时具有溶胶凝胶法的优点，因此它被广泛用来制备纳米材料。燃烧法是以金属的硝酸盐和有机物为原料，利用硝酸和有机物之间的氧化还原反应热来合成金属氧化物的方法。与溶胶凝胶法相比，燃烧法具有反应时间短、所用试剂便宜、设备操作简单等优点。人们用此方法成功合成了超导材料及钙钛矿半导体材料。但溶胶凝胶法和燃烧法都涉及有机物的燃烧，会产生大量污染环境的气体。化学沉淀法是一种制备纳米材料的洁净的方法，其基本原理是一定条件下在包含一种或多种金属离子的可溶性溶液里加入沉淀剂，形成不溶性的氢氧化物、水合氧化物或盐类，从溶液中析出，并将溶剂和溶液中原有的阴离子洗去，经热分解或脱水即得到所需的氧化物粉体。化学沉淀法又分为共沉淀法、均相沉淀法、金属醇盐水解法。其中均相沉淀法是较常用的方法，它通常是以尿素的缓慢水解来生成沉淀剂氨水，从而克服了由外部向溶液中加沉淀剂而造成沉淀剂不均匀、沉淀不能在整个溶液中均匀出现的缺点。水热法是另一种制备纳米材料的洁净的方法。它是在特制的密闭反应器（高压釜）中，采用水溶液或有机溶剂作为反应体系，通过对反应体系加热至临界温度（或接近临界温度），在反应体系中产生高压的环境而进行无机合成与材料制备的一种有效方法。水热与溶剂热合成化学具有如下的特点：由于在水热和溶剂热条件下中间态、介稳态以及特殊相易于形成，因此能合成与开发一系列物种介稳结构、特种凝聚态的新合成产物；能够使低熔点化合物、高蒸气压且不能在融体中生成的物质、高温分解相在水热和溶剂热低温条件下晶化生成；水热和溶剂热的低温、等压、溶液条件，有利于生长缺陷少、取向好、完美的晶体，且合成产物结晶度高以及易于控制产物晶体的粒度；由于易于调节水热和溶剂热条件下的环境气氛，因而有利于低价态、中间价态化合物的生成，并能均匀地进行掺杂。自 1982 年以来，运用水热法制备超细粉末就引起了国内外的重视。

　　本实验以硝酸锌为原料，用不同方法合成氧化锌，并对其结构、性能（荧光、气敏和压敏）进行表征。

三、仪器与试剂

　　仪器：光电分析天平、磁力加热搅拌器、台式烘箱、马弗炉、X－射线衍射仪、热分析仪、荧光仪、烧杯、玻璃棒、量筒、坩埚、研磨、布氏漏斗、滤纸、高压反应釜等。

　　试剂：硝酸锌 $[Zn(NO_3)_2, AR]$、柠檬酸 $(C_6H_8O_7, AR)$、尿素 $[(NH_2)_2CO, AR]$、乙醇 $(C_2H_6O_2, AR)$、氨基乙酸、氨水、氢氧化钠 $(NaOH, AR)$、十六烷基三甲基溴化铵 $(CTAB, AR)$。

四、实验内容与步骤

1. ZnO 纳米粉体的制备

1）柠檬酸络合法

（1）称取 0.02 mol Zn(NO₃)₂于 500 mL 烧杯中，加入 20 mL 蒸馏水使其溶解，在所得溶液中加入适量的柠檬酸（柠檬酸和金属离子的物质的量比分别为 1∶1 与 2∶1），同时用磁力搅拌器加热搅拌，加热温度为 80～100 ℃。

（2）待溶液变为浅黄色凝胶时，将烧杯移入烘箱（140～180 ℃）中发泡（形成疏松多孔的絮状物），发泡后研磨。

（3）将粉末转于瓷坩埚中，在坩埚底部用铅笔做好标记。由实验室指导老师将坩埚置于马弗炉中于 500 ℃烧结 2 h，冷却后即得氧化锌粉体。取少量粉体进行 SEM（扫描电镜）和荧光性能测试。

2）均相沉淀法

（1）取 0.02 mol Zn(NO₃)₂和一定量的尿素（尿素和金属离子的物质的量比为 5∶1）于 250 mL 烧杯中，加入 100 mL 蒸馏水使其溶解。

（2）将烧杯置水浴恒温槽中，升温至 90 ℃后保温 2～4 h，同时用搅拌器搅拌。取出烧杯将沉淀抽滤，用蒸馏水洗涤 1 次，再用无水乙醇洗涤 3 次，转于烘箱中于 85～95 ℃干燥。

（3）将粉末转于瓷坩埚中，在坩埚底部用铅笔做好标记。由实验室指导老师将坩埚置于马弗炉中于 500 ℃烧结 2 h，冷却后即得氧化锌粉体。取少量粉体进行 SEM（扫描电镜）和荧光性能测试。

3）燃烧法

（1）称取 0.02 mol Zn(NO₃)₂和 0.04 mol 氨基乙酸分别溶解于 15 mL 蒸馏水中，接着将 Zn²⁺溶液在搅拌下慢慢加入氨基乙酸溶液中，得到无色透明混合溶液。加热浓缩所得溶液，使自由水分蒸干，形成无色透明的黏稠凝胶。继续加热，体系开始出现零星的燃烧反应，随即蔓延至整个体系，燃烧反应在几秒内迅速完成，得到黑色疏松的粉末产物。注意：加热操作和燃烧反应在通风橱内完成，观察实验现象时要将挡风玻璃调到适当高度。

（2）收集反应后的产物置于瓷坩埚中，在坩埚底部用铅笔做好标记。由实验室指导老师将坩埚置于马弗炉中 500 ℃烧结 2 h，冷却后即得氧化锌粉体。取少量粉末进行 SEM（扫描电镜）和荧光性能测试。

4）水热法

（1）称取 0.02～0.05 mol Zn(NO₃)₂于烧杯中，用 40 mL 的蒸馏水溶解得到透明溶液。

（2）加热搅拌下将 NaOH 溶液（自己配制，0.1 mol/L）逐滴滴加到 Zn²⁺溶液中，将溶液 pH 调到碱性（7 < pH < 10），继续搅拌 10 min，将所得的混合溶液转入聚四氟乙烯内衬高压釜中，补充去离子水到釜容积的 80%，充分搅拌。封紧釜盖放入 180 ℃的鼓风干燥箱中反应 3～4 h，取出釜自然冷却，将沉淀物抽滤，先用蒸馏水洗涤 3 次，再用无水乙醇洗涤 1

次，转于烘箱中于 $85\sim95$ ℃干燥，得到白色样品。

（3）将产品转于瓷坩埚中，在坩埚底部用铅笔做好标记。由实验室指导老师将坩埚置于马弗炉中于 500 ℃烧结 2 h，冷却后即得氧化锌粉体。取少量粉体进行 SEM（扫描电镜）和荧光性能测试。

2．产品的检测表征

（1）用扫描电镜观察 ZnO 粉体的形貌。

（2）检测所制备纳米氧化锌粉体的荧光性质。

（3）用紫外－可见分光光度计检测粉体对光的吸收性能。

五、思考题

1）柠檬酸络合法

（1）试述实验过程中凝胶、泡状物及 ZnO 产品的形成过程。

（2）试述 ZnO 的发光机理。

2）均相沉淀法

（1）试述温度对均相沉淀的影响。

（2）均相沉淀法是否适合金属复合氧化物（如 $MgAl_2O_4$）的制备？为什么？

3）燃烧法

（1）写出燃烧反应的氧化还原反应方程式。

（2）指出反应中氨基乙酸的作用。

（3）本实验中的 Zn 原料可以换成 $ZnCl_2$ 或者 $ZnAc_2$ 等其他可溶锌盐吗？为什么？

4）水热法

（1）指出 ZnO 的形成过程。

（2）结合最终得到的发光结果，说明各合成方法的优缺点。

5）结合你的实验结果，试说影响 ZnO 形貌、发光、光吸收性能的因素

六、实验前的预备工作

1．预习实验教材，对实验内容做到心中有数。

2．查阅以下文献，获取与实验有关的信息：

1）牛新书，杜卫平，杜卫民，等．应用化学，2003，20（10）：968－971．

2）宋国利，梁红，孙凯霞．光子学报，2004，4（33）：485－488．

3）徐美，张尉平，尹民．无机材料学报，2003，18（4）：933－936．

4）陈友存，张元广．光谱学与光谱分析，2004，24（9）：1032－1034．

5）宋旭春，徐铸德，陈卫祥，等．无机化学学报，2004，20（2）：186－190．

6）康明，谢克难，卢忠远，等．四川大学学报（工程科学版），2005，37（1）：65－68．

七、参考结果

参考结果如图 7 - 3 ~ 图 7 - 5 所示。

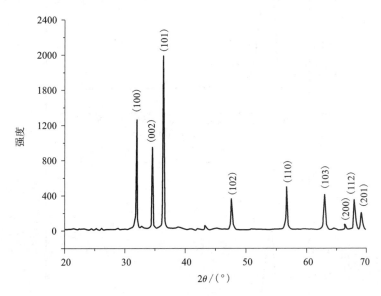

图 7 - 3　ZnO 样品的 XRD 图谱

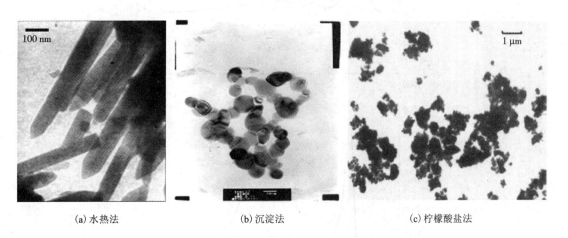

（a）水热法　　　　　　（b）沉淀法　　　　　　（c）柠檬酸盐法

图 7 - 4　不同方法合成的 ZnO 样品的透射电镜图谱

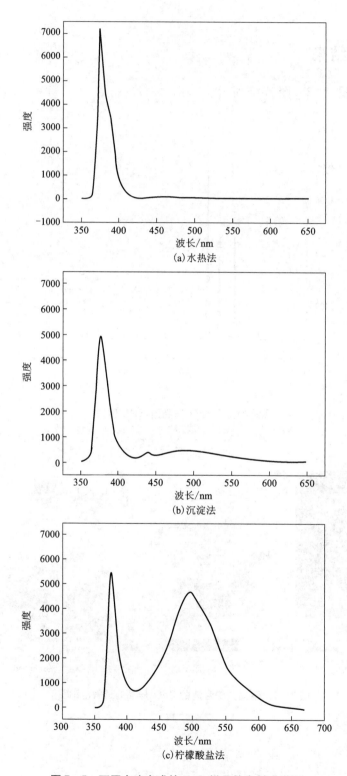

(a)水热法

(b)沉淀法

(c)柠檬酸盐法

图 7-5 不同方法合成的 ZnO 样品的发射光谱图

实验 8

有机稀土配合物的合成及其荧光特征

一、实验目的

(1)掌握水杨酸铽及掺杂体系的制备方法;

(2)掌握苯甲酸铕、苯甲酸 – 邻菲咯啉 – 铕三元配合物的制备方法;

(3)了解水杨酸铽、苯甲酸铕、苯甲酸 – 邻菲咯啉 – 铕的荧光性质;

(4)了解掺杂离子 La、Y 和 Gd 对水杨酸铽的荧光增强作用;

(5)了解三元配合物第二配体的协同效应。

二、背景知识及实验原理

对农作物来讲,叶片是植物光合作用的器官。当太阳光照射到叶子表面时,就会被植物体内的色素所吸收,而能将吸收的光能用于光合作用的叶绿素体中的色素有叶绿素 α、叶绿素 β、α – 胡萝卜素和叶黄素等。植物进行光合作用主要靠叶绿素来完成。从叶绿素 α 和 β 的吸收光谱来看,有 2 个峰区:(1)蓝光区(400 ~ 480 nm),其中 425 nm 为叶绿素 α 的吸收峰,440 ~ 460 nm 为叶绿素 β、叶黄素和 α – 胡萝卜素的吸收峰;(2)红橙区(600 ~ 680 nm),其中 643 nm 为叶绿素 β 的吸收峰,660 nm 为叶绿素 α 的吸收峰。光生态学表明,400 ~ 480 nm 的蓝光区和 600 ~ 680 的红橙区对植物的光合作用有利。而太阳光经大气层到达地面的光线中,波长为 290 ~ 400 nm 的紫外光部分对植物成长不利,而且对高聚物有较强的光氧化破坏作用。若能将其调节为对植物成长有利的蓝光和红光,不仅可以提高光能利用率,而且有助于延长高聚物(如塑料)的使用寿命。目前,正在研制的稀土光转换剂可以说已经起到了这样的作用。稀土无机发光材料和稀土有机配合物之所以能作转换剂,主要是由于稀土离子(尤其是 Eu^{3+}、Tb^{3+}、Sm^{3+} 和 Dy^{3+})的最低激发态和基态间的 f – f 跃迁能量频率落在可见区,呈现尖锐的线状谱带,且激发态具有相对长的寿命。如镨、铽和铕 3 种稀土化合物在紫外光照射下,分别发射出 435 ~ 480 nm 的蓝光、波长为 500 ~

560 nm 的绿光和波长为 600~680 nm 的红光。各色荧光对农作物的成长影响不同，有选择地利用，可以实现充分利用光能的目的。

早在 20 世纪 80 年代中期，Golodkova 等已经研制出了保温大棚膜的稀土光转换剂。它能吸收 97% 的 200~450 nm 的紫外光，并能将其转换为 500~750 nm 的红橙光。近年来，稀土有机配合物由于具有发光强度高和稳定性较好的优点，越来越引起人们的广泛关注，其应用研究非常活跃。稀土配合物发光机理在于有机配位体将所吸收的能量传递给稀土离子，使其 4f 电子被激发产生 f-f 电子跃迁并发光，例如铕 β-二酮配合物是发红光的荧光材料，主要产生 $^5d_0-^7f_2$ 的跃迁。这种发光材料能吸收太阳光中的紫外光并转换为可见光，将其添加到塑料膜中能改善光质，更好地利用太阳能。这种铕的配合物在 365 nm 高压汞灯下观察有明亮的红色发光。从荧光的激发与发射光谱结果来看，配合物激发态处于长波紫外范围，这是配体的吸收，由于配合物是个大的共轭体系，所以 $\pi-\pi^*$ 吸收强度特别高，吸收的能量通过分子内能量传递，使中心离子 Eu^{3+} 发出强的红光。

我国专利 CN1122814A 选用 Eu、Tb 制成稀土螯合物型光转换剂，其发光原理仍为吸收紫外光发出红橙光。但目前所研制的稀土光转换剂仍存在一些问题，如光稳定性差、转光衰减快、随时间的延长透光率降低等问题。而且，还存在可转紫外光源少和转成的红光锐峰对光合作用所需的光谱成分不太吻合等问题。最突出的问题就是成本较高，这给稀土光转换剂和光转换膜在农业上的广泛推广带来不利的影响。如何解决上述问题，已成为产品应用的关键。此外，荧光稀土配合物还能用于防伪制品如防伪油墨、防伪涂料等。为此我们选用在研究实验中常用的体系和常见的方法作为实验内容，为进一步开发应用提供思路和实验依据。

金属离子与有机配体的配位反应：

$$TbCl_3 + 3C_6H_4(OH)COOH \longrightarrow Tb(C_6H_4(OH)COO)_3 + 3HCl$$

$$(1-x)TbCl_3 + xReCl_3 + 3C_6H_4(OH)COOH \longrightarrow Tb_{(1-x)}Re_x(C_6H_4(OH)COO)_3 + 3HCl$$
$$(Re = La, Y, Gd; x = 0~1.0)$$

$$EuCl_3 + 3C_6H_5COOH \longrightarrow Eu(C_6H_5COO)_3 + 3HCl$$

$$Eu(C_6H_5COO)_3 + phen \longrightarrow Eu(C_6H_5COO)_3phen$$

三、仪器与试剂

试剂：Tb_4O_7、Gd_2O_3、La_2O_3、Y_2O_3、Eu_2O_3、盐酸、氢氧化钠、水杨酸（或水杨酸钠）、苯甲酸（或苯甲酸钠）、邻菲咯啉（phen）、pH 试纸（或 pH 计）、无水乙醇。

仪器：荧光分光光度计、PR-305 型荧光余辉测试仪、荧光粉光色综合测试系统、荧光粉相对亮度仪、电动搅拌器、烘箱、控温仪、漏斗、电炉、水浴锅、烧杯、温度计等。

四、实验内容

1. 水杨酸铽的制备方法及其荧光性能

1）稀土氯化物的制备

将稀土氧化物用浓盐酸在电炉上加热溶解，蒸发近干，得到稀土氯化物的水合物。

2）水杨酸铽的制备

将所制得的氯化铽配成 0.1 mol/L 的 $TbCl_3$ 水溶液，将水杨酸溶于等物质的量浓度的氢氧化钠溶液，按 $n(Tb^{3+}):n(水杨酸)=1:3$，在搅拌下逐渐滴入 0.1 mol/L 的 $TbCl_3$ 水溶液中，用氢氧化钠（6 mol/L）调节溶液 pH 为 5.5 左右，保持温度为 70~80 ℃，不断搅拌，溶液中逐渐出现沉淀，继续搅拌 2~3 h，过滤得到沉淀物。用蒸馏水和乙醇反复洗涤沉淀物到无 Cl^- 为止，置于烘箱中于 120 ℃下干燥，得白色粉末样品。

3）掺杂体系水杨酸铽的合成

按 $Tb_{(1-x)}Re_x(C_6H_4(OH)COO)_3$ 化学式计量，取 $TbCl_3$ 和 $ReCl_3$（Re 代表其他稀土离子），可选择一种稀土离子进行实验，配成 0.1 mol/L 的混合稀土氯化物水溶液，其后步骤同 2）。

4）荧光性能的测试

分别测试水杨酸铽及不同配比条件下掺杂体系的荧光光谱，对比荧光强度及掺杂离子的荧光增强作用。

2. 苯甲酸铕及苯甲酸 – 邻菲咯啉 – 铕的合成和荧光性能

1）苯甲酸铕的制备

将 Eu_2O_3（0.178g）溶于盐酸配成 0.1 mol/L 的 $EuCl_3$ 水溶液。将苯甲酸溶于等物质的量浓度的氢氧化钠溶液，配成 0.1 mol/L 的溶液。按 $n(Eu^{3+}):n(苯甲酸)=1:3$ 取样，在搅拌下，逐渐滴入 0.1 mol/L 的 $EuCl_3$ 溶液中，用氢氧化钠溶液调节溶液的 pH 为 6.0~6.5，保持温度在 80 ℃左右，不断搅拌，溶液中逐渐析出沉淀，继续搅拌 2 h，静置，冷却至室温，过滤得沉淀物，分别用水和 95% 乙醇洗沉淀物至无 Cl^-，置于烘箱中于 110 ℃下干燥，得粉末样品。

2）苯甲酸 – 邻菲咯啉 – 铕三元配合物的制备

按 $n(Eu^{3+}):n(苯甲酸):n(phen)=1:3:1$ 溶于适量乙醇中，在搅拌下加入 $EuCl_3$ 的水溶液，用氢氧化钠溶液调 pH 为 6.0~6.5，保持温度在 80 ℃左右，不断搅拌，溶液中逐渐析出沉淀。继续搅拌 2~3 h，静置，冷却至室温，过滤得到沉淀物，分别用水和 95% 乙醇洗涤沉淀物数次，置于烘箱中烘干，得粉末样品。

3）荧光性能测试

测试苯甲酸铕及三元配合物的荧光光谱，对比它们的荧光强度，了解第二配体的协同效应。

3. 设计实验

设计一种含铕的双配合物的合成方案，其中一种配体从本实验中所列的药品中选择，另一种药品从文献中查找后确定,合成荧光稀土配合物,并测定荧光性能(两人一组)。

(1)要求学生通过查找有关资料,确定实验方案。

(2)方案交给实验指导老师检查,购买药品。

(3)制备出稀土配合物。

(4)测定产品荧光特性(激发光谱、发射光谱、相对荧光强度、光色坐标)。

五、问题与讨论

(1)将掺杂体系水杨酸铽的荧光强度与未掺杂体系水杨酸铽的荧光强度进行比较,分析发生变化的原因。

(2)苯甲酸铕及苯甲酸–邻菲咯啉–铕的荧光强度有什么不同?说明增加邻菲咯啉配体所起到的作用。

(3)荧光强度的大小有哪些影响因素?配合物荧光粉的发射光谱的最大发射波长受什么的影响?

（四）　生物医学材料

实验 9

核黄素/海藻酸钠缓释微球的制备和释放动力学研究

一、实验目的

（1）掌握离子交联法制备海藻酸钠缓释微球的原理；
（2）掌握海藻酸钠微球的释放特点；
（3）了解核黄素的光谱性质；
（4）学会使用离心仪、紫外－可见分光光度计、荧光显微镜等分析测试仪器；
（5）学会用 Excel、Origin 等软件模拟动力学曲线，推测释放机理。

二、背景知识及实验原理

1. 药物释放动力学

药物的控制释放就是为了达到药物的有效浓度充分发挥药物疗效的目的，将药物包封或负载到载体材料中，在预期的时间内在指定疾病器官部位使药物从载体中释放，通过对药物释放剂量的有效控制，降低药物的毒副作用，减少抗药性，提高药物的稳定性和有效利用率，以及实现药物的靶向输送，减少服药次数，减轻患者的痛苦，并能降低治疗成本。理想的药物释放的特点：定时、定位、定量。

药物从载体骨架中的释放，既可以通过药物的扩散作用，也可以通过骨架的溶胀、溶蚀作用，其行为依赖于这些过程的相对强弱。释放动力学曲线如图 9-1 所示。

2. 钙离子交联的海藻酸钠微球

海藻酸（alginate）是一种天然多糖，是直链键合的 β-D-甘露糖醛酸（M）和 α-L-古洛糖醛酸（G）的无规嵌段共聚物，其结构如图 9-2 所示。在海藻酸水溶液中加入钙、铜、

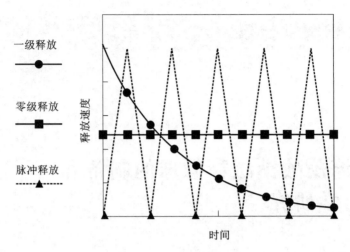

图 9 - 1   释放动力学曲线

锌、铅等二价正离子,能够形成凝胶,其中海藻酸钙凝胶在细胞输送、组织工程等领域受到人们的关注。影响海藻酸凝胶化的因素包括海藻酸的相对分子质量和相对分子质量分布、MPG 值和序列分布、溶液浓度、正离子种类与浓度等。钙离子(Ca^{2+})与海藻酸钠反应生成的海藻酸钙凝胶微球,具有条件温和、过程简单、生物相容性好等优点,已被广泛应用于药物缓释、酶固定化与组织工程等领域。

图 9 - 2   海藻酸的结构

3. 核黄素

核黄素(riboflavin),又称维生素 B2、维他命 B2,IUPAC 中文名为 7, 8 - 二甲基 - 10 - (1' - D - 核糖基) - 异咯嗪(7, 8 - dimethyl - 10 - ribitylisoalloxazine),CAS 号为 83 - 88 - 5。分子式为 $C_{17}H_{20}N_4O_6$,相对分子质量为 376.4。它是人体必需的 13 种维生素之一,核黄素作为维生素 B 族的成员之一,其微溶于水(0.01 g/100 mL, 25 ℃),可溶于氯化钠溶液,易溶于稀的氢氧化钠溶液。核黄素的紫外 - 可见光谱性质最大吸收波长 λ_{max} 为 270、370 与 470 nm,其中 470 nm 对应的摩尔吸光系数(extinction coefficient)ε_{470} = 10300 L/(mol·cm),如图 9 - 3 所示。本实验中核黄素为药物模型。

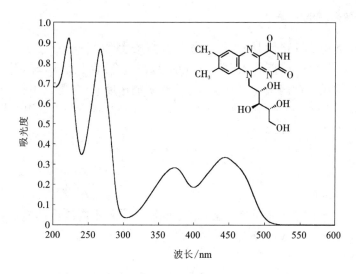

图 9 - 3 核黄素的结构与紫外 - 可见光谱

三、仪器和试剂

1. 试剂

海藻酸钠(25 ℃时质量分数为 2.0% 的溶液黏度为 3500 MPa/s)、氯化钙、氯化钠、核黄素、蒸馏水、氢氧化钠、浓盐酸、十二水磷酸氢二钠、二水磷酸二氢钠、柠檬酸钠。

2. 仪器

烧杯、自动微量移液器、注射器(针筒 10 mL,针头)、磁力搅拌子、磁力搅拌仪、电子天平、离心仪、减压过滤装置、恒温水浴磁力搅拌仪、紫外 - 可见分光光度计、荧光显微镜、溶出仪。

四、实验内容与步骤

1. 溶液准备

配制 pH 为 1.2 的 0.1 mol/L 盐酸溶液、pH 为 6.8 的 0.2 mol/L 柠檬酸盐缓冲溶液和 pH 为 6.8 的 0.2 mol/L 磷酸盐缓冲溶液各 500 mL。

用去离子水配制 50 mL 质量分数为 3% 的海藻酸溶液、50 mL 浓度为 0.1、0.5、1.0、3.0 mol/L CaCl$_2$ 溶液,以乙醇为溶剂配制 50 mL 质量分数为 0.1% 的核黄素溶液。

2. 海藻酸钠微球的制备

首先在搅拌下将 0.1% 的核黄素乙醇溶液与海藻酸溶液混合均匀（两者体积比为 1∶10），然后将 5 mL 混合溶液装入 10 mL 注射针筒中，再装上针头（23 G），将其滴入不断搅拌的不同浓度的氯化钙溶液中形成微球（控制滴加速度），并孵育 10 min 后将制得的微球过滤并用去离子水洗去表面吸附的钙离子，后浸泡在去离子水中备用。相同条件下制备的海藻酸微球需要进行平行实验 6 次。

3. 样品表征

1）核黄素的标准曲线

用柠檬酸缓冲溶液连续稀释核黄素溶液，配制一系列不同浓度的核黄素溶液，然后在紫外–可见分光光度计下测定吸光度，并绘制标准曲线。

2）包封率的测定

将制备的海藻酸微球转移到 50 mL 容量瓶，并用柠檬酸缓冲溶液充分溶解，然后稀释到一定浓度，测定其吸光度，并计算包封率。平行测定 3 次并计算平均值和标准偏差。

3）显微镜观察海藻酸钠微球的微观结构

在荧光显微镜下，观察不同 Ca^{2+} 浓度下制备的海藻酸微球的微观结构。

4. 释放动力学

将制备的核黄素/海藻酸钠缓释微球按中华人民共和国药典（2005 年版）二部附录规定的肠溶制剂的第一法进行实验。量取盐酸溶液 750 mL，注入每个溶出仪，加温使溶液温度保持在(37±0.5) ℃，调整转速并保持稳定，取 2 个待测样品分别投入转蓝或溶出杯中，开动仪器运转 2 h，立即在规定取样点吸取适量溶液，并经不大于 0.8 μm 的微孔滤膜过滤，取样至过滤应在 30 s 内完成，滤液通过紫外–可见分光光度计测定每个样品中核黄素的含量。

磷酸盐溶液中的释放同盐酸溶液中的释放类似，区别在于磷酸盐的释放时间为 4 h。

将在酸介质和缓冲介质中采集到的 2 组数据进行处理，以时间为横坐标，累积释放量为纵坐标，绘制释放动力学曲线。

5. 荧光显微镜实时观察海藻酸钠微球在不同 pH 下的形态变化

将制备的核黄素/海藻酸钠缓释微球铺展在载玻片上，在荧光显微镜下，实时跟踪不同 Ca^{2+} 浓度制备的缓释微球在不同 pH 下海藻酸微球的溶蚀过程。

五、问题和讨论

（1）总结海藻酸钠微球的结构特点，探讨它的其他用途。

（2）结合你所得到的实验结果，试述钙离子交联的海藻酸钠微球制备过程中哪些因素会影响核黄素的释放速率。

（3）查阅文献设计基于钙离子交联的乳球蛋白微球的制备过程。

（五）　环境分析

实验 10

大气中污染物二氧化硫的采集和化学分析

一、实验目的

（1）根据布点采样原则，选择适宜的方法进行布点，确定采样频率及采样时间，掌握测定空气中的 SO_2、NO_x 和 TSP 采样和监测方法；

（2）根据 3 项污染物监测结果，计算空气污染指数（API），描述空气质量状况；

（3）在预习报告中拟出实验方案和操作步骤，分析影响测定准确度的因素及控制方法。

二、原理

大气中的二氧化硫被四氯汞钾溶液吸收后，生成稳定的二氯亚硫酸盐络合物，此络合物再与甲醛及盐酸苯胺发生反应，生成紫红色的络合物，据其颜色深浅，用分光光度法测定其浓度。按照所用的盐酸副玫瑰苯胺使用液含磷酸多少，分为 2 种操作方法：方法一，含磷酸量少，最后溶液的 pH 为 1.6 ± 0.1；方法二，含磷酸量多，最后溶液的 pH 为 1.2 ± 0.1，这是我国暂时选为环境监测系统的标准方法。

本实验采用方法二进行测定。

三、仪器

（1）多孔玻璃吸收管（用于短时间采样）；多孔玻璃吸收瓶（用于 24 h 采样）。

（2）空气采样器：流量 $0 \sim 1$ L/min。

（3）分光光度计。

四、试剂

(1)0.04 mol/L 四氯汞钾吸收液:称取 10.9 g 氯化汞($HgCl_2$)、6.0 g 氯化钾和 0.070 g 乙二胺四乙酸二钠盐($EDTA-Na_2$),溶解于水中,稀释至 1000 mL。此溶液在密闭容器中贮存,可稳定 6 个月,如发现有沉淀,不能再用。

(2)2.0 g/L 甲醛溶液:量取 36% ~38% 甲醛溶液 1.1 mL,用水稀释至 200 mL,临用现配。

(3)6.0 g/L 氨基磺酸铵溶液:称取 0.60 g 氨基磺酸铵($H_2NSO_3NH_4$),溶解于 100 mL 水中,临用现配。

(4)碘贮存液[$c(1/2I_2)=0.10$ mol/L]:称取 12.7 g 碘于烧杯中,加入 40 g 碘化钾和 25 mL 水,搅拌至全部溶解后,用水稀释至 1000 mL,贮于棕色试剂瓶中。

(5)碘使用液[$c(1/2I_2)=0.01$ mol/L]:量取 50 mL 碘贮存液,用水稀释至 500 mL,贮于棕色试剂瓶中。

(6)2 g/L 淀粉指示剂:称取 0.20 g 可溶性淀粉,用少量水调成糊状,慢慢倒入 100 mL 沸水中,继续煮沸至溶液澄清,冷却后贮于试剂瓶中。

(7)碘酸钾标准溶液[$c(1/6KIO_3]=0.1000$ mol/L]:称取 3.5668 g 碘酸钾(KIO_3,优级纯,110 ℃烘干 2 h),溶解于水中,移入 1000 mL 容量瓶中,用水稀释至标线。

(8)盐酸溶液[$c(HCl)=1.2$ mol/L]:量取 100 mL 浓盐酸,用水稀释至 1000 mL。

(9)硫代硫酸钠贮存液[$c(Na_2S_2O_3)\approx 0.1$ mol/L]:称取 25 g 硫代硫酸钠($Na_2S_2O_3\cdot 5H_2O$),溶解于 1000 mL 新煮沸并已冷却的水中,加 0.2 g 无水碳酸钠,贮于棕色瓶中,放置一周后标定其浓度。若溶液呈现混浊,应该过滤后再使用。

标定方法:吸取碘酸钾标准溶液 25.00 mL,置于 250 mL 碘量瓶中,加 70 mL 新煮沸并已冷却的水,加 1.0 g 碘化钾,振荡至完全溶解后,再加 1.2 mol/L 盐酸溶液 10.0 mL,立即盖好瓶塞,混匀。在暗处放置 5 min 后,溶液用硫代硫酸钠溶液滴定至淡黄色,加淀粉指示剂 5 mL,继续滴定至蓝色刚好褪去。按下式计算硫代硫酸钠溶液的浓度:

$$c=25.00\times 0.1000/V$$

式中:V 为消耗硫代硫酸钠溶液的体积,mL;c 为硫代硫酸钠溶液浓度,mol/L。

(10)硫代硫酸钠标准溶液:取 50.00 mL 硫代硫酸钠贮存液于 500 mL 容量瓶中,用新煮沸并已冷却的水稀释至标线,计算其准确浓度。

(11)亚硫酸钠标准溶液:称取 0.2 g 亚硫酸钠(Na_2SO_3)及 0.010 g 乙二胺四乙酸二钠,将其溶解于 200 mL 新煮沸并已冷却的水中,轻轻摇匀(避免振荡,以防充氧),放置 2 ~3 h 后标定。此溶液每毫升相当于含 320 ~400 μg 二氧化硫。

标定方法:取 4 个 250 mL 碘量瓶(A1、A2、B1、B2),分别加入 0.010 mol/L 碘溶液 50.00 mL。

在 A1、A2 瓶内各加 25 mL 水,在 B1 瓶内加入 25.00 mL 亚硫酸钠标准溶液,盖好瓶塞。立即吸取 2.0 mL 亚硫酸钠标准溶液于已加有 40 ~50 mL 四氯汞钾溶液的 100 mL 容量瓶中,使其生成稳定的二氯亚硫酸盐络合物。再吸取 25.00 mL 亚硫酸钠标准溶液于 B2 瓶内,盖好瓶塞。然后用四氯汞钾吸收液将 100 mL 容量瓶中的溶液稀释至标线。

A1、A2、B1、B2 四瓶于暗处放置 5 min 后,用 0.01 mol/L 硫代硫酸钠标准溶液滴定至淡黄色,加 5 mL 淀粉指示剂,继续滴定至蓝色刚好褪去。平行滴定所用硫代硫酸钠溶液体积之差应不大于 0.05 mL。

所配 100 mL 容量瓶中的亚硫酸钠标准溶液相当于二氧化硫的浓度 $w(SO_2)$ ($\mu g/mL$) 由下式计算:

$$w(SO_2) = [(V_0 - V) \times c \times 32.02 \times 1000]/25.00 \times (2.00/100)$$

式中:V_0 为滴定 A 瓶时所用硫代硫酸钠标准溶液体积的平均值,mL;V 为滴定 B 瓶时所用硫代硫酸钠标准溶液体积的平均值,mL;c 为硫代硫酸钠标准溶液的准确浓度,mol/L;32.02 相当于 1 mmol/L 硫代硫酸钠溶液的二氧化硫($1/2SO_2$)的质量,mg。

根据以上计算的二氧化硫标准溶液的浓度,再用四氯汞钾吸取液稀释成每毫升含 2.0 μg 二氧化硫的标准溶液,此溶液用于绘制标准曲线,在冰箱中存放,可稳定 20 d。

(12)0.2% 盐酸副玫瑰苯胺(PRA,即对品红)贮存液:称取 0.20 g 经提纯的盐酸副玫瑰苯胺,溶解于 100 mL 1 mol/L 盐酸溶液中。

(13)磷酸溶液[$c(H_3PO_4) = 3$ mol/L]:量取 41 mL 85% 浓磷酸,用水稀释至 200 mL。

(14)0.016% 盐酸副玫瑰苯胺使用液:吸取 0.2% 盐酸副玫瑰苯胺贮存液 20.00 mL 于 250 mL 容量瓶中,加 3 mol/L 磷酸溶液 200 mL,用水稀释至标线。至少放置 24 h 才可使用,存放至暗处,可稳定 9 个月。

五、测定步骤

1. 标准曲线的绘制

取 8 支 10 mL 具塞比色管,按表 10-1 所列参数配制标准色列。

表 10-1　标准色列的配制用量

试剂	0	1	2	3	4	5	6	7
2.0 $\mu g/mL$ 亚硫酸钠标准溶液/mL	0	0.60	1.00	1.40	1.60	1.80	2.20	2.70
四氯汞钾吸收液/mL	5.00	4.40	4.00	3.60	3.40	3.20	2.80	2.30
二氧化硫含量/μg	0	1.2	2.0	2.8	3.2	3.6	4.4	5.4

在以上各管中加入 6.0 g/L 氨基磺酸铵溶液 0.50 mL,摇匀。再加 2.0 g/L 甲醛溶液 0.50 mL 及 0.016% 盐酸副玫瑰苯胺使用液 1.5 mL,摇匀。当室温为 15~20 ℃时,显色时间为30 min;当室温为 20~25 ℃时,显色时间为 20 min;当室温为 25~30 ℃时,显色时间为 15 min。以水为参比,用 1 cm 比色皿于 575 nm 波长处,测定吸光度。以吸光度对二氧化硫含量(μg)绘制标准曲线,或用最小乘法计算回归方程式。

2．采样

（1）短时间采样：用内装 5 mL 四氯汞钾吸收液的多孔玻璃吸收管以 0.5 L/min 流量采样 10～20 L。

（2）24 h 采样：在测定 24 h 平均浓度时，用内装 50 mL 吸收液的多孔玻璃板吸收瓶以 0.2 L/min 流量、10～16 ℃恒温采样。

3．样品测定

当样品混浊时，应采用离心分离除去悬浮物。采样后应放置 20 min，以使臭氧分解。

（1）短时间样品：将吸收管中的吸收液全部移入 10 mL 具塞比色管内，用少量水洗涤吸收管，洗涤液并入具塞管中，使总体积为 5 mL。加 6 g/L 氨基磺酸铵溶液 0.5 mL，摇匀，放置 10 min，以除去氮氧化物的干扰。后续步骤同标准曲线的绘制。

（2）24 h 样品：将采集样品后的吸收液移入 50 mL 容量瓶中，用少量水洗涤吸收瓶，洗涤液并入容量瓶中，使溶液总体积为 50.0 mL，摇匀。吸取适量样品溶液置于 10 mL 具塞比色管中，用吸收液定容至 5.00 mL。后续步骤同短时间样品测定。

六、计算

$$w = mV_t / (V_a V_n)$$

式中：w 为 SO_2 的质量浓度，mg/m^3；m 为测定时所取样品溶液中二氧化硫质量，μg（由标准曲线查知）；V_t 为样品溶液总体积，mL；V_a 为标定时所取样品溶液体积，mL；V_n 为标准状态下的采样体积，L。

注意事项：

（1）温度对显色影响较大，温度越高，空白值越大。温度高时显色快，褪色也快，最好用恒温水浴控制显色温度。

（2）对品红试剂必须提纯后使用，否则，其中所含杂质会引起试剂空白值增高，使方法灵敏度降低。已有经提纯合格的 0.2% 对品红溶液出售。

（3）六价铬能使紫红色络合物褪色，产生负干扰，故应避免用硫酸－铬酸洗液洗涤所用玻璃器皿，若已用此洗液洗过，则需用（1＋1）盐酸溶液浸洗，再用水充分洗涤。

（4）用过的具塞比色管及比色皿应及时用酸洗涤，否则红色难以洗净。具塞比色管用（1＋4）盐酸溶液洗涤，比色皿用（1＋4）盐酸加 1/3 体积乙酸混合液洗涤。

（5）四氯汞钾溶液为剧毒试剂，使用时应小心，如溅到皮肤上，立即用水冲洗。用过的废液要集中回收处理，以免污染环境。

实验 11

聚乙烯醇缩甲醛胶的制备、游离甲醛的消除与测定

一、实验目的

(1) 了解常见胶黏剂聚乙烯醇缩甲醛的制备方法;

(2) 了解甲醛的危害,掌握分析甲醛的方法;

(3) 通过查资料确定消除甲醛的药品,并通过实验测定其除甲醛的效果。

二、背景知识

聚乙烯醇缩甲醛(PVF,俗称 107 胶),自 20 世纪 80 年代初期在我国开发应用以来,PVF 已在建筑行业以及其他行业得到广泛的应用。但用传统的生产方法制得的 PVF 性能比较差,一般为不合格产品。作为建筑胶使用的 PVF,其黏度、黏结强度、游离甲醛含量都是非常重要的指标。本实验采用新的生产方法改善 PVF 的性能,使制得的 PVF 黏度符合 JC 4382—1991 的标准,其黏结强度和游离甲醛的含量都符合建材行业的有关标准。

甲醛(HCHO)是一种无色易溶的刺激性气体,甲醛可经呼吸道吸收,其水溶液"福尔马林"可经消化道吸收。现代科学研究表明,甲醛对人体健康有负面影响。当室内含量为 $0.1 \, \text{mg/m}^3$ 时就有异味和不适感;$0.5 \, \text{mg/m}^3$ 时可刺激眼睛引起流泪;$0.6 \, \text{mg/m}^3$ 时引起咽喉不适或疼痛;浓度再高可引起恶心、呕吐、咳嗽、胸闷、气喘甚至肺气肿;当空气中甲醛浓度达到 $230 \, \text{mg/m}^3$ 时,可当即导致人死亡。长期接触低剂量甲醛可以引起慢性呼吸道疾病、女性月经紊乱、妊娠综合症,引起新生儿体质降低、染色体异常,甚至引起鼻咽癌。高浓度的甲醛对神经系统、免疫系统、肝脏等都有毒害。它还可刺激眼结膜、呼吸道黏膜而产生流泪、流涕等症状,引起结膜炎、咽喉炎、哮喘、支气管炎和变态反应性疾病。甲醛还可致畸、致癌和致突变。据流行病学调查,长期接触甲醛的人,患鼻腔、口腔、鼻咽、咽喉、皮肤和消化道的癌症的概率较高。

在家庭的装修中,所使用的材料特别是采用聚乙烯醇缩甲醛、脲醛树脂等合成的材料常含有很高的甲醛,对人体危害较大,为了减少甲醛的危害,请通过我们所学的知识或所

查找的资料选定其中一种或两种作为甲醛消除剂来减少甲醛的散发，达到降低甲醛危害的目的。

三、设计性实验的步骤：

（1）查找与甲醛能发生反应的药品，该药品应能快速与甲醛反应，本身无毒或低毒，所反应的产物不容易挥发和低毒。

（2）将实验所需药品及实验原理向老师报告，并购买药品。

（3）按实验步骤中的要求制备聚乙烯醇缩甲醛胶，在实验步骤（5）完成后，按步骤（6）将甲醛消除试剂代替尿素进行。要求其中的一半胶作为对比实验不加消除剂。

（4）在 100 mL 烧杯中称取 50 g 的含甲醛胶，加入 0.5 g 所试验的药品，搅拌 10 min，用比色法测定甲醛的放出量（按下列的甲醛的分析方法进行测定）。用没有加试验的药品的空白胶进行对比。

（5）改变实验的药品质量，重复步骤（4），找出最佳配比量。

（6）进行计算和讨论。

四、药品与仪器

药品：聚乙烯醇 PVA1799；甲醛，36% ~ 38%，工业品；盐酸，30%，化学纯；NaOH，40%，化学纯；尿素（U）：分析纯。

仪器：电炉、温度计、精密 pH 纸（1 ~ 3）、广泛 pH 纸。

注意：在甲醛的分析中还有药品和仪器。

五、实验步骤：

根据表 11 - 1 的配方的量要求准备药品，并按下述步骤进行操作。

表 11 - 1　聚乙烯醇缩甲醛胶的配方

药品名称	规格	质量/g
PVA	1799	10
HCHO	36% ~ 38%	6
HCl	30%	0.8
NaOH	40%	0.6
尿素或甲醛消除剂	分析纯	0.6
H_2O	自来水	120

（1）将 H_2O 加入三口烧瓶，然后滴加 HCl 调节 pH 为 $1.5 \sim 1.7$，再加入 PVA 后升温。

（2）在 $85 \sim 90$ ℃并不断搅拌下，PVA 全部溶解，一次性加入 HCHO，使温度保持在 $85 \sim 90$ ℃，反应 $40 \sim 50$ min。

（3）快速降温至 $50 \sim 60$ ℃，并用 40 ％ NaOH 调节 pH 为 $8 \sim 9$。

（4）一半胶保温在（60 ± 5）℃，加适量的尿素搅拌 20 min，另一半胶加入甲醛消除剂（双氧水或硫酸联氨）。

（5）降温至 40 ℃，至胶液透明，出料。

（6）按照甲醛的分析方法进行采样，步骤见分析方法。

对比所选药品与尿素的甲醛处理的结果，分析两者除甲醛的差别。

（7）产品性能检测按黏度、黏结性能测定，结果填入表 $11 - 2$。

表 11 - 2

项目	PVF 胶性能	JC 4382—1991 标准/一等品
外观		无色或黄色透明液体
固含量/%		≥8
黏度（23 ℃）/（Pa·s）		≥2.0
游离甲醛/%		≤0.5
pH		$7 \sim 8$
剥离度/（0.01 N·mm^{-1}）		≥15
低温稳定性能		呈流动状态

六、甲醛的分析方法——乙酰丙酮分光光度法

1）原理

甲醛吸收于水中，在铵盐存在下，与乙酰丙酮作用，生成黄色的 3，5 - 二乙酰基 - 1，4 二氢卢剔啶，根据颜色深浅，用分光光度法测定。

当酚浓度比甲醛高 1500 倍，乙醛浓度比甲醛高 300 倍时，不干扰测定。

本方法检出限为 0.25 μg/5 mL，当采样体积为 30 L 时，最低检出浓度为 0.008 mg/m³。

2）仪器

（1）大型气泡吸收管 10 mL；

（2）空气采样器，流量 $0 \sim 1$ L/min；

（3）具塞比色管 10 mL；

（4）分光光度计。

3）试剂（实验指导老师已经准备好）

（1）重蒸蒸馏水。

（2）乙酰丙酮溶液：称取 25.0 g 乙酸铵，加少量水溶解，加 3.0 mL 冰乙酸及 0.25 mL

新蒸馏的乙酰丙酮,混匀,加水稀释至 100 mL。

(3)甲醛标准溶液:取 36% ~38% 甲醛 10 mL,用水稀释至 500 mL,用碘量法标定甲醛溶液浓度。临用时,用水稀释配制每毫升含 5.0 μg 甲醛的标准溶液。

标定方法:吸取 5.00 mL 甲醛溶液于 250 mL 碘量瓶中、加入 40.00 mL $c(1/2I_2)$ = 0.10 mol/L 碘溶液,立即逐滴滴加 30% 氢氧化钠溶液,至颜色褪至淡黄色为止;放置 10 min。用 5.0 mL(1+5)盐酸溶液酸化(空白满定时需多加 2 mL),置暗处放 10 min,加 100 ~150 mL 水,用 0.1 mol/L 硫代硫酸钠标准溶液滴定至淡黄色,加 1.0 mL 新配制的 5% 淀粉指示剂,继续滴定至蓝色刚刚褪去。

另取 5 mL 水同上法进行空白滴定。

按下式计算甲醛溶液浓度:

$$w = (V_0 - V) \times c \times 15.0/5.00$$

式中:w 为甲醛溶液质量浓度,mg/mL;V_0 和 V 分别为滴定空白溶液、甲醛溶液所消耗硫代硫酸钠标准溶液体积,mL;c 为硫代硫酸钠标准溶液浓度,mol/L。

4)采样

用一个内装 5.0 mL 水及 1.0 mL 乙酰丙酮溶液的气泡吸收管,以 0.5 L/min 的流量,采气 15 L。

5)步骤

(1)标准曲线的绘制。取 8 支 10 mL 比色管,按表 11-3 配制标准色列。

各管混均匀后,在 40 ℃下放置 30 min,使其显色完全后,在波长 414 nm 处,用 1 cm 比色皿,以水为参比,测定吸光度。以吸光度对甲醛质量(μg)绘制标准曲线。

表 11-3　甲醛标准色列

管号	0	1	2	3	4	5	6	7
水/mL	5.00	4.90	4.80	4.60	4.40	4.00	3.00	2.00
乙酰丙酮液/mL	1.00	1.00	1.00	1.00	1.00	1.00	1.00	1.00
甲醛标准溶液/mL	0	0.10	0.20	0.40	0.60	1.00	2.00	3.00
甲醛质量/μg	0	0.50	1.00	2.00	3.00	5.00	10.00	15.0

(2)样品测定。采样后,样品在 40 ℃下放置 30 min,然后将样品溶液移入比色皿中,以下操作同标准曲线的绘制。

6)计算

$$w = m/V_n$$

式中:w 为甲醛质量浓度,mg/m³;m 为样品中甲醛质量,μg;V_n 为标准状态下采样体积,L。

7)说明

(1)绘制标准曲线时与样品测定时温差应不超过 2 ℃。

(2)标定甲醛时,在摇动下逐滴加入氢氧化钠溶液,至颜色明显减褪,再摇片刻,待褪成淡黄色，放置后应褪至无色。若碱量加入过多，则 5 mL(1 + 5)盐酸溶液不足以使溶液酸化。

七、讨论与思考

(1)试述所用药品对甲醛的消除效果。

(2)试述还能够采取哪些处理措施。

（六）　吸附材料

实验 12

氧化镁多孔材料的合成及比表面积的测定

一、实验目的

（1）了解用改进的柠檬酸盐法制备大比表面积纳米 MgO 的原理和方法；

（2）了解和熟悉固体比表面积及孔隙度的测试原理及方法；

（3）用 BET 容量法和化学吸附法测定固体的比表面积；

（4）熟悉真空实验技术和减压操作技术。

二、背景知识及实验原理

纳米氧化镁是一种新型功能无机材料。氧化镁用途很广，可作催化剂或催化载体；作为耐火材料，用于制造陶瓷镁碳砖、镁坩埚、耐火砖等；作为建筑材料，它与氯化镁或硫酸镁溶液混合在一起制成镁氧水泥或轻型绝热板等；在冶金工业，用硅铁或碳在 2000 ℃时还原氧化镁制得金属镁；在炼钢工业用作硅钢板退火隔离剂；另外在橡胶工业医药工业、油漆造纸工业、农业化妆品工业等方面都有不同用途。

合成催化剂及催化剂载体 MgO 纳米材料的常用方法有高温固相法、沉淀法和浸渍法，用这些方法合成出来的氧化物的突出的缺点是颗粒尺寸难以控制、比表面积小，一般只有 $20 \sim 50$ m^2/g。传统催化剂或者催化载体都要求有大的比表面积。金属醇盐水解法和改进的柠檬酸盐法是有效合成大比表面积催化剂的方法。

本实验采用改进的柠檬酸盐法制备具有大比表面积的 MgO 材料，并对其孔径结构、比表面积进行测试。

1. MgO 合成方法及原理

在传统的柠檬酸盐法中，柠檬酸盐前驱物直接在空气中煅烧，前驱物分解为非晶的金属氧化物、碳颗粒、一氧化碳、二氧化碳和水,但在有氧气存在的条件下,碳颗粒和一氧化碳迅速被氧化。有机物的分解和燃烧过程同时进行,放出的热量造成局部高温,在这些高温地方,成相反应非常迅速,导致产物颗粒大,团聚严重。在改进的柠檬酸盐法中,柠檬酸盐溶胶凝胶在较低温度下脱水的同时,由于硝酸的分解而形成疏松多孔的柠檬酸盐前驱物。前驱物在惰性气体中随着温度的升高缓慢分解为非晶的金属氧化物、碳粉、一氧化碳、二氧化碳和水。由于没有氧气,分解所得的碳粉未被氧化,它们包裹在非晶态金属氧化物表面,这样残留的碳增加了金属原子之间的距离,阻止了 MgO 的成相反应。当非晶态金属氧化物和碳颗粒在空气中煅烧时,碳颗粒被氧化,在原来碳比较多的地方留下孔穴,同时非晶态金属氧化物发生成相反应,形成多晶的 MgO。反应涉及的反应方程式有:

$$\mathrm{Mg_3(C_6H_5O_7)_2 \cdot \mathit{n}H_2O} \xrightarrow{25\sim220\ ℃,\ air} \mathrm{Mg_3(C_6H_5O_7)_2} + \mathit{n}\mathrm{H_2O}\uparrow$$

$$\mathrm{Mg_3(C_6H_5O_7)_2} \xrightarrow{220\sim260\ ℃,\ air} \mathrm{Mg_3(C_6H_3O_6)_2} + 2\mathrm{H_2O}\uparrow$$

$$\mathrm{Mg_3(C_6H_3O_6)_2} \xrightarrow{260\sim800\ ℃,\ N_2} 3(\mathrm{MgO}) \cdot x\mathrm{C} + y\mathrm{CO}\uparrow + z\mathrm{CO_2}\uparrow + 3\mathrm{H_2O}\uparrow$$
$$(x + y + z = 12)$$

$$3(\mathrm{MgO}) \cdot x\mathrm{C} + x\mathrm{O_2} \xrightarrow{400\sim600\ ℃} 3\mathrm{MgO} + x\mathrm{CO_2}\uparrow$$

多孔 MgO 的形成机理如图 12-1 所示。

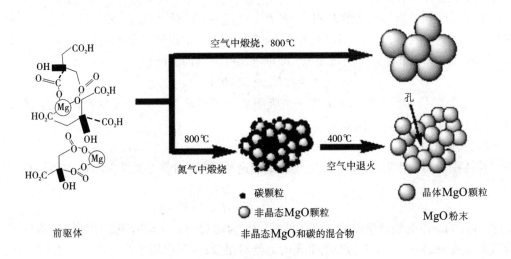

图 12-1　多孔 MgO 的形成机理

2. 比表面积及孔隙度的测试原理及方法

吸附剂和催化剂比表面(即 1 g 物质的表面积)的测定是研究其表面性质的重要手段之一。吸附法是被广泛采用,并在理论和实践上都经过充分研究的比表面积测定方法。

1)采用低温静态容量法测定固体的比表面

原子或分子在小于它们的饱和蒸气压时附着在固体表面上的现象称为吸附。通常把发生吸附的物质称为吸附剂,被吸附物质称为吸附质。吸附可分为物理吸附和化学吸附两类。化学吸附时吸附质与吸附剂之间形成化学键，物理吸附时吸附质与吸附剂之间的相互作用则由范德华力产生。

气体的吸附量通常用给定气体压力下被吸附气体的物质的量或标准体积来表示。以吸附量对 P/P_0 作图称为吸附等温线，这里 P 是气体压力，P_0 是吸附质在吸附温度下的饱和蒸气压。吸附等温线的形状与吸附剂比表面、温度及吸附剂孔结构特性有关。

兰缪尔所发展的吸附等温线理论表明，随 P/P_0 的增大吸附量达一有限的极大值，此极大值即相当于形成完整的单分子层。因此这一理论只适用于单分子层吸附，但对于多数物理吸附过程来说，形成单分子层后吸附并未中断。

BET 吸附理论在兰缪尔吸附理论的基础上发展了多层吸附理论。BET 吸附理论的基本假定是：在物理吸附中，吸附质与吸附剂之间的相互作用是靠范德华力，而吸附质分子之间也有范德华力，所以在第一吸附层之上还可发生第二层、第三层……即多分子层吸附。气体吸附量即等于各层吸附量的总和，吸附平衡是一个动态平衡，第二层以后的吸附热就等于气体液化热，根据这些假定导出的 BET 二常数公式可写为：

$$P/[V(P_0 - P)] = (C-1)P/(V_mCP_0) + 1/(V_mC)$$

式中：P_0 为 N_2 在吸附温度下的饱和蒸气压，mmHg；P 为吸附平衡时，N_2 的压力，mmHg；V 为在相对压力 P/P_0 下，气体吸附质的吸附量，mL/g；V_m 为单分子层饱和吸附量，mL/g；C 为与吸附热有关的常数。

由测量固体吸附等温线的 P 和 V，将 $P/[V(P_0 - P)]$ 对 P/P_0 作图，可以求出对应的直线斜率(s)和截距(i)，$s = C - 1/(V_mC)$，$i = 1/(V_mC)$，由这两个数据可计算出：$V_m = 1/(s+i)$。若知道每个被吸分子的截面积，即可求出吸附剂的表面积 S

$$S = V_mN_A\sigma/(22400\ m)$$

式中：N_A 为阿伏加德罗常数；σ 为一个吸附质分子横截面，N_2 分子的截面积是 $16.2\ \text{Å}^2$（$1\ \text{Å}^2 = 10^{-20}\ \text{m}$）；$m$ 为吸附剂质量，g。

2）孔体积的测定

孔体积的测定依据 Zsigmondy 毛细凝聚理论及模型，计算公式为 Kelvin 方程，即：

$$\ln P/P_0 = -\frac{2rV_L}{RT\nu}$$

式中：V_L(Vpore) 为液体吸附质的摩尔体积；P_0 为相对于 $r_m = \infty$ 时吸附质的饱和蒸气压；P 为吸附平衡时的蒸气压；T 为吸附平衡时的绝对温度；ν 为吸附平衡时蒸气运动的速率。

由 Kelvin 方程可见，在凹形弯月面上的蒸气压必定小于饱和蒸气压。因此，只要弯月面呈凹形（即接触角小于90°），则在小于饱和蒸气压并由孔径决定的某个压力 P 下，蒸气将在孔中"毛细凝聚"为液体。

3）孔径的测定

孔径测定的依据方程为：

$$r = r_m\cos\theta$$

式中：r_m 为孔心尺寸；r 为孔心半径；θ 为毛细凝聚与壁上的吸附膜之间的接触角。

由 Kelvin 方程最初得到的是孔心尺寸而不是孔尺寸，将 r_m 值转化为孔尺寸要借助孔模型，并且要有毛细凝聚与壁上的吸附膜之间的接触角的知识。

三、仪器与试剂

试剂：液氮一瓶；高纯 H_2，He，N_2，CO 各一瓶；柠檬酸（AR）；硝酸镁（AR）。

仪器：美国 Micromeritics 生产的 ASAP2020 型比表面及孔隙度分析仪、ZXF–06 型自动吸附仪、电子天平（万分之一）、恒温干燥箱、马弗炉、管式炉、磁力加热搅拌器及玻璃仪器。

四、实验步骤

1．样品的制备

称取 1.48 g 硝酸镁置于烧杯中，加 50 mL 蒸馏水溶解。在所得溶液中加入适量的柠檬酸（柠檬酸对金属离子的比率为 R），同时用磁力加热搅拌器加热搅拌，加热温度为 80 ~ 100 ℃。在此过程中，水慢慢被蒸发，1 h 后得到浅黄色的凝胶，然后移入 140 ~ 180 ℃ 的烘箱中发泡。发泡后形成疏松多孔的絮状物，即柠檬酸盐前驱物。将前驱物研磨后，送入管式炉中 600 ~ 800 ℃ 预烧 2 h，并用惰性气体保护。预烧完后得到黑色的混合物，然后将这些混合物在空气中以 400 ~ 600 ℃ 的温度退火 2 h，最后得到白色的氧化镁粉末。

2．样品比表面积及孔径的测定

（1）了解 ASAP2020 型比表面及孔隙度分析仪及 ZXF–06 型自动吸附仪的原理和使用方法。
（2）进行测试前的准备工作。
①接通电源；②仪器自动检查；③接通气源；④准备液氮冷阱；⑤系统抽真空。
（3）熟悉微机控制器使用说明及人机对话运作。
（4）进行样品的预处理和测试，并打印数据。

五、数据处理

（1）$P/[V(P_0 - P)]$ 为纵坐标，P/P_0 为横坐标作图，从所得直线的斜率和截距求 V_m。
（2）求吸附剂的比表面积。
（3）从样品的吸附回线来判断孔结构。

六、思考题

（1）固 – 气吸附量的测量方法有哪些？
（2）依据 BET 公式测定固体物质的比表面积时，为什么 P/P_0 的允许值只在 0.05 ~ 0.35 之间？
（3）不同的吸附回线对应着怎样的孔结构？
（4）影响 MgO 比表面积及孔径的因素有哪些？

七、参考结果

参考结果如图 12 - 2 ~ 图 12 - 4 所示。

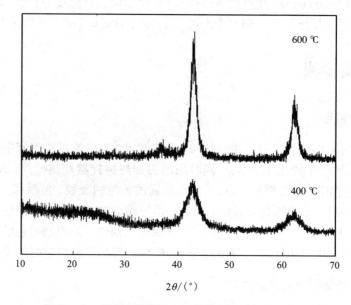

图 12 - 2　在不同煅烧温度下所得 MgO 的 XRD 谱

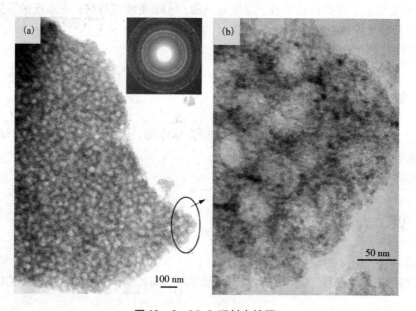

图 12 - 3　MgO 透射电镜图

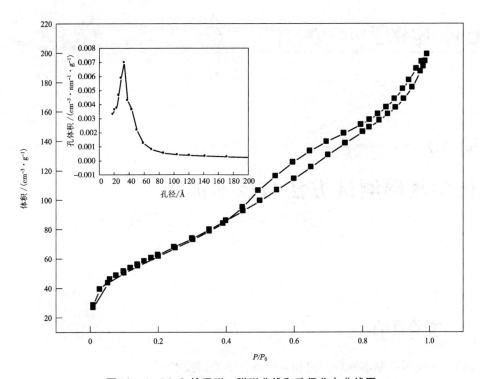

图 12 - 4　MgO 的吸附 - 脱附曲线和孔径分布曲线图

（七） 电化学

实验 13
电化学基础测试方法与技术训练

一、实验目的

（1）学习电极的基本处理方法和常用电化学测试技术；
（2）掌握线性扫描伏安法/循环伏安法的基本原理和可逆性的判断方法；
（3）掌握计时安培法/计时库仑法的基本原理和基本反应参数的计算方法；
（4）熟悉塔菲尔极化曲线的测定方法以及电化学反应速率的计算方法；
（5）学习用计时电位技术测定并解析氧化还原反应的充放电容量和效率；
（6）了解交流阻抗技术在溶液电阻、传荷电阻和法拉第阻抗中的测定应用（选讲）。

二、电化学技术原理

1. 线性扫描伏安法和循环伏安法

可逆反应：

$$i_p = (2.69 \times 10^5) n^{3/2} A D_O^{1/2} v^{1/2} C_O^*$$

$$E_{p/2} = E^0 \frac{RT}{nF} \ln \frac{D_O^{1/2}}{D_R^{1/2}} + 1.09 \frac{RT}{nF} = E^0 + \frac{0.059}{n} \lg \frac{D_O^{1/2}}{D_R^{1/2}} + \frac{0.028}{n} \ (25\ ℃)$$

$$|E_p - E_{p/2}| = 2.2 \frac{RT}{nF} = \frac{0.0565}{n} \ (25\ ℃)$$

完全不可逆反应：

$$i_p = (2.99 \times 10^5) n (\alpha n_a)^{1/2} A D_O^{1/2} v^{1/2} C_O^*$$

$$E_p = E^0 - \frac{RT}{\alpha n_a F} \Big[0.780 + \ln \frac{D_O^{1/2}}{k^0} + \ln \big(\frac{\alpha n_a F v}{RT} \big)^{1/2} \Big]$$

$$|E_p - E_{p/2}| = 1.1857 \frac{RT}{\alpha n_a F} = \frac{0.0477}{\alpha n_a} \ (25 \ ℃)$$

例如：考察扫速对电位、电流的影响；判断电化学反应可逆性；计算扩散系数、电子转移数、电极面积等。相关曲线图如图 13 - 1 与图 13 - 2 所示。

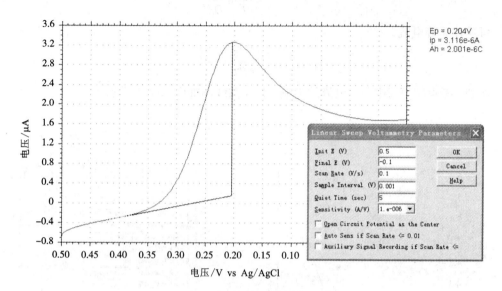

图 13 - 1　线性扫描伏安曲线

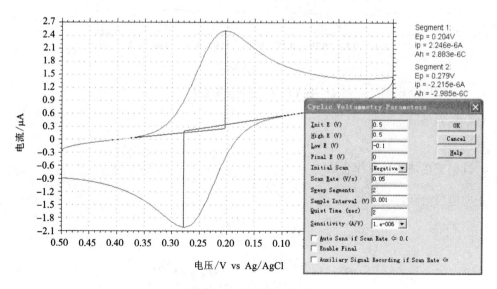

图 13 - 2　循环伏安曲线

2. 交流伏安法

可逆体系峰电位:

$$E_p = E^0 + \frac{RT}{nF}\ln\frac{D_R^{1/2}}{D_O^{1/2}}$$

可逆体系峰电流:

$$i_p = \frac{n^2 F^2 A \omega^{1/2} D_O^{1/2} C_O^* \Delta E}{4RT}$$

例如:考察频率对电位、电流的影响,相关曲线图如图 13 – 3 所示。

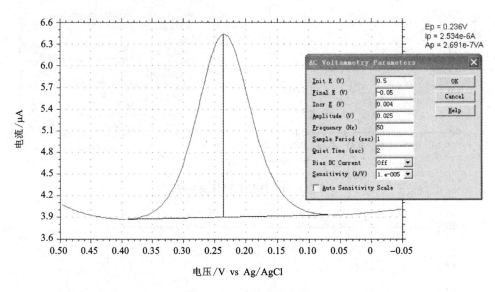

图 13 – 3　交流伏安曲线

3. 计时安培法和计时库仑法

正向电位阶跃:

$$i(t) = \frac{nFAD_O^{1/2}C_O^*}{(\pi t)^{1/2}}$$

$$Q(t) = \frac{nFAD_O^{1/2}C_O^* t^{1/2}}{\pi^{1/2}} + Q_{dl} + nFA\Gamma_0$$

逆向电位阶跃:

$$i_r(t) = -\frac{nFAD_O^{1/2}C_O^*}{\pi^{1/2}}\left(\frac{1}{(t-\tau)^{1/2}} - \frac{1}{t^{1/2}}\right)$$

$$Q_r(t>\tau) = Q(\tau) - Q(t>\tau) = \frac{nFAD_O^{1/2}C_O^*}{\pi^{1/2}}\left[\tau^{1/2} - (t-\tau)^{1/2} - t^{1/2}\right] + Q_{dl}$$

式中：τ 为正向阶跃步宽（时间）。

例如：计算扩散系数、电子转移数、电极面积或表面吸附等，相关曲线图如图 13 - 4 ~ 图 13 - 7 所示。

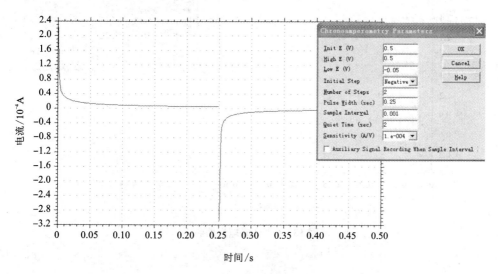

图 13 - 4 计时安培曲线 1

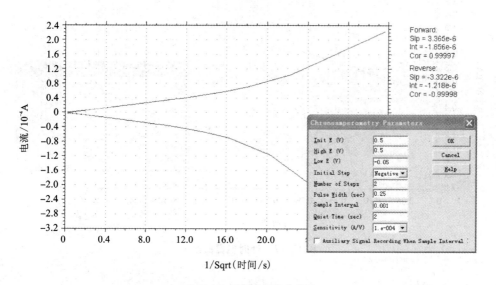

图 13 - 5 计时安培曲线 2

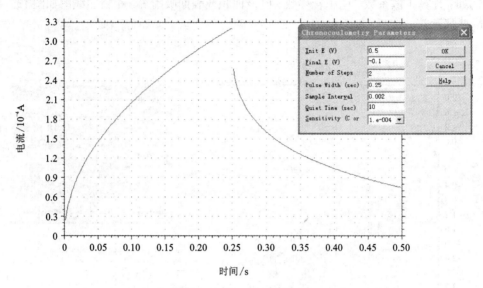

图 13 - 6　计时电量曲线 1

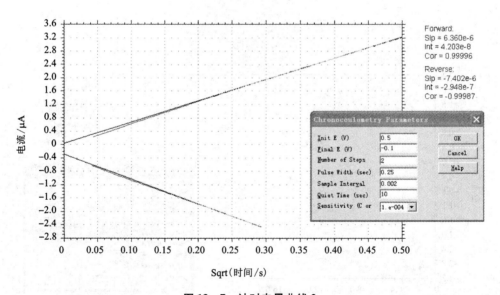

图 13 - 7　计时电量曲线 2

4. 塔菲尔曲线

塔菲尔方程：

$$\eta = \frac{RT}{\alpha n F}\ln i_0 - \frac{RT}{\alpha n F}\ln i$$

$$\lg \frac{i}{1 - e^{\frac{nF}{RT}\eta}} = \lg i_0 - \frac{\alpha n F}{2.3RT}\eta$$

例如：测定交换电流密度、传递系数、腐蚀速率、腐蚀电位等。相关曲线图如图 13 - 8 所示。

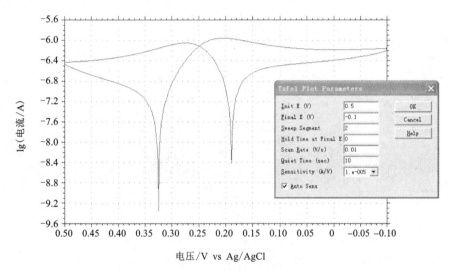

图 13 - 8　塔菲尔曲线

5. 计时电位法

恒流电解：

$$\frac{i\tau^{1/2}}{C_O^*} = \frac{nFAD^{1/2}\pi^{1/2}}{2} = 85.5nD_O^{1/2}A$$

式中：τ 为过渡时间。

可逆体系电位 - 时间关系：

$$E = E_{\tau/4} + \frac{RT}{nF}\ln \frac{\tau^{1/2} - t^{1/2}}{t^{1/2}}$$

式中：$E_{\tau/4}$ 为四分之一个波电位。

$$E_{\tau/4} = E^0 - \frac{RT}{2nF}\ln \frac{D_O}{D_R}$$

完全不可逆体系电位 - 时间关系：

$$E = E^0 + \frac{RT}{\alpha n_a F}\ln \frac{2k^0(\tau^{1/2} - t^{1/2})}{(\pi D_O)^{1/2}}$$

例如：测定恒流充/放电、恒流电解/沉积曲线，计算电池容量及充放电效率等，相关曲线图如图13-9所示。

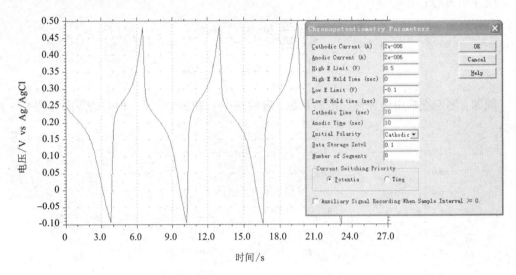

图 13 - 9　计时电位曲线

6. 交流阻抗法

传荷阻抗：

$$R_{ct} = \frac{RT}{nFi_0}$$

传质阻抗：

$$Z_W = \frac{\sigma}{\omega^{1/2}} - j\frac{\sigma}{\omega^{1/2}}$$

$$\sigma = \frac{RT}{n^2 F^2 A \sqrt{2}} \left(\frac{1}{D_O^{1/2} C_O^*} + \frac{1}{D_R^{1/2} C_R^*} \right)$$

法拉第阻抗：

$$Z_{real} = R_{ct} + \frac{\sigma}{\omega^{1/2}}$$

$$Z_{imag} = \frac{\sigma}{\omega^{1/2}}$$

$$|Z_f| = \left[\left(R_{ct} + \frac{\sigma}{\omega^{1/2}} \right)^2 + \left(\frac{\sigma}{\omega^{1/2}} \right)^2 \right]^{1/2}$$

可逆条件下法拉第阻抗：

$$Z_{real} = \frac{\sigma}{\omega^{1/2}}$$

$$Z_{imag} = \frac{\sigma}{\omega^{1/2}}$$

$$|Z_f| = \sqrt{2}\frac{\sigma}{\omega^{1/2}}$$

例如：测量体系的传荷电阻、溶液电阻、法拉第阻抗等。相关图如图 13 - 10 与图 13 - 11 所示。

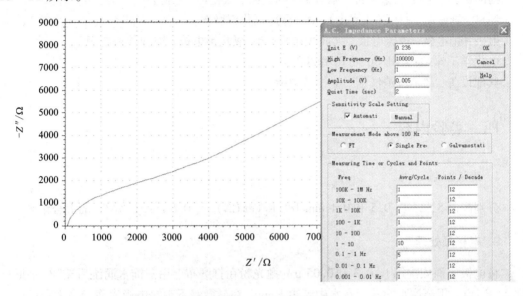

图 13 - 10　交流阻抗奎斯特图

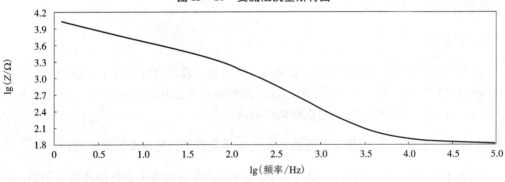

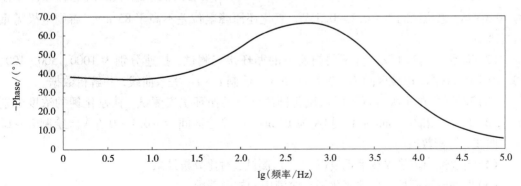

图 13 - 11　交流阻抗伯德图

三、实验药品和仪器

药品(分析纯): 铁氰化钾、硝酸钾、稀硫酸、氯化钾、乙醇。
耗材: 细砂纸、打磨布(麂皮)、抛光粉(氧化铝微粉)。
电极: 铂电极、玻碳电极、大面积铂片、银/氯化银电极、饱和甘汞电极。
电化学工作站: CHI660 或 RST5200。
其他设备: 超声波清洗器、金相显微镜。

四、实验内容

1. 溶液配制

分别配制 5, 2, 1, 0.5 和 0.1 mmol/L $K_3Fe(CN)_6$ 与 0.5 mol/L KNO_3 的混合溶液。

2. 电极预处理

将电极表面依次用 1, 0.3 和 0.05 μm 抛光粉在打磨布上用蒸馏水润湿后按"8"字形打磨 2~3 min, 用蒸馏水冲洗后在水中超声 1 min, 在显微镜下观察电极表面光亮无划痕。上述电极抛光过程可重复进行。

3. 电极装置

采用三电极体系进行电化学测试和表征。将经预处理的电极作为工作电极, 大面积铂片作为辅助电极, 银/氯化银电极作为参比电极按电化学工作站说明连接。电解液为加入了 0.5 mol/L 硝酸钾支持电解质的铁氰化钾溶液。

4. 用线性扫描伏安法/循环伏安法判断电化学反应可逆性以及扩散系数的计算

(1)在 1 mmol/L $K_3Fe(CN)_6$ + 0.5 mol/L KNO_3 的混合溶液中进行循环伏安扫描, 扫速为 10 mV/s, 电位区间为 -0.1~0.5 V。氧化还原峰电位差不高于 85 mV, 否则电极需重新处理。

(2)满足(1)的电极进行不同扫速下的循环伏安测试, 扫速分别为 1000, 500, 100, 50, 10 和 5 mV/s, 电位区间为 -0.1~0.5 V。绘制 $i_p \sim v^{1/2}$ 关系曲线, 并解析数据。

(3)满足(1)的电极进行不同铁氰化钾浓度下的循环伏安测试, 铁氰化钾的浓度分别为 5, 2, 1, 0.5 和 0.1 mmol/L, 扫速为 10 mV/s, 电位区间为 -0.1~0.5 V。绘制 $i_p \sim C_0$ 关系曲线, 解析数据。

(4)用线性扫描伏安技术重复(2)、(3)测试, 对比分析结果。

(5)根据电极面积计算铁氰化钾在溶液中的扩散系数。

5. 用计时安培法/计时库仑法测电极面积和活性物质的扩散系数

(1)用不同浓度的铁氰化钾溶液进行计时安培测试,铁氰化钾的浓度分别为 5,2,1, 0.5 和 0.1 mmol/L,脉冲时间为 0.25 s。绘制 $i \sim C_0$,$i \sim t^{-1/2}$ 关系曲线,并解析数据。

(2)用不同浓度的铁氰化钾溶液进行计时库仑测试,铁氰化钾的浓度分别为 5,2,1, 0.5 和 0.1 mmol/L,脉冲时间为 0.2 s。绘制 $i \sim t^{-1/2}$ 关系曲线,并解析数据。

(3)量取电极面积计算铁氰化钾在溶液中的扩散系数。

(4)根据扩散系数(用循环伏安计算值)来估算电极面积,并判断电极表面的吸附情况。

6. 塔菲尔极化测试电极反应速率和传递系数

(1)在 1 mmol/L $K_3Fe(CN)_6$ + 0.5 mol/L KNO_3 的混合溶液中进行塔菲尔极化测试,极化速率为 10 mV/s,电位区间为 -0.1~0.5 V。解析数据,计算电极反应的交换电流密度 i_0 和传递系数 α。

(2)改变浓度和扫速,解析数据,计算电极反应的动力学参数 i_0 和 α。

7. 计时电位法测量活性物质扩散系数和充放电效率

(1)采用 5 μA 电流在 5 mmol/L $K_3Fe(CN)_6$ + 0.5 mol/L KNO_3 的混合溶液中测试体系的计时电位曲线,计算铁氰化钾在溶液中的扩散系数。

(2)采用不同电流(0.05,0.5,5 和 50 μA),在 5 mmol/L $K_3Fe(CN)_6$ + 0.5 mol/L KNO_3 的混合溶液中测试体系的计时电位曲线,连续充放电 50 次。计算充放电效率和电容量保持率。

8*. 交流阻抗法测溶液电阻、传荷电阻和法拉第阻抗(选做)

(1)在开路电位条件下,测不同浓度铁氰化钾溶液的电化学阻抗谱,并对比观察其阻抗变化规律。

(2)在不同电位(在 -0.1~0.5 V 间取 5 个值)条件下,测 5 mmol/L $K_3Fe(CN)_6$ + 0.5 mol/L KNO_3 的混合溶液的电化学阻抗谱,并对比观察其变化规律。

(3)根据电化学阻抗能斯特图,估测和计算体系的溶液电阻、传荷电阻和法拉第阻抗。

五、思考题

(1)电极使用前为什么要进行预处理?预处理主要包括哪些步骤?
(2)哪些基本电化学技术可以用来判定电化学反应的可逆性程度?如何判定?
(3)电化学反应中活性物质的扩散系数可以用什么方法测定?其基本原理是什么?
(4)如何判断一个体系是否具有电化学活性?
(5)为什么要加支持电解质?是否所有的电化学体系都需要添加支持电解质?支持电解质有什么要求?

实验 14

阴极电沉积法合成氢氧化镍及
电化学性能测定

一、实验目的

(1)熟悉阴极电沉积法制备氢氧化镍的反应原理及电沉积基本操作；
(2)理解电流密度及掺杂阴离子对氢氧化镍形貌结构及性能的影响；
(3)熟悉电化学测试的相关原理与基本操作。

二、实验原理

超级电容器(supercapacitors)是一种集功率密度高、能量密度大、循环性能好、充电速度快等优点的储能元器件。氢氧化镍作为活性材料制备出的超级电容器电极，其储能容量主要来自两个方面，一是两电极之间由于电荷累积所产生的双电层；二是氢氧化镍本身在充放电过程中发生氧化还原反应所储存的电荷，超级电容器的大部分容量也是来自于此。通常 $Ni(OH)_2$ 和 $NiO(OH)$ 在碱性电解液中的转化反应可以写为：

$$氧化反应：Ni(OH)_2 - H^+ - e^- \longrightarrow NiO(OH)$$

$$H^+ + OH^- \longrightarrow H_2O$$

$$还原反应：NiO(OH) + H^+ + e^- \longrightarrow Ni(OH)_2$$

$$H_2O \longrightarrow OH^- + H^+$$

电沉积法是一种简单高效的 $Ni(OH)_2$ 合成方法，该方法能直接在导电基底表面生成 $Ni(OH)_2$ 纳米薄膜，而通过改变电解液中的组分又能轻易地将不同物质掺杂进入产物中，一举两得。以 $Ni(NO_3)_2$ 电解液为例，沉积反应方程式为：

$$NO_3^- + 7H_2O + 8e^- \longrightarrow NH_4^+ + 10OH^-$$

或

$$2H_2O + 2e^- \longrightarrow 2OH^- + H_2 \uparrow$$

$$Ni^{2+} + 2OH^- \longrightarrow Ni(OH)_2$$

依照法拉第定律，假设电流效率为100%，可以根据以下公式来计算 Ni(OH)$_2$ 的理论沉积量：

$$m = \frac{q}{zF}M = \frac{I \times \Delta t}{zF}M$$

式中：m 为理论沉积量，g；M 为 Ni(OH)$_2$ 的摩尔质量；z 为离子转移数；F 为法拉第常数；I 为沉积电流密度，A/cm^2；Δt 为沉积时间，s。

在电沉积过程中，电解液组成和沉积电流密度等都会影响所得样品的电化学性能。根据文献（Wu Y, Sang S, Zhong W, et al. *Electrochimica Acta*, 2018, 261: 58−65.）可知电流密度对阴极沉积法制备样品的形貌影响如图14−1所示。

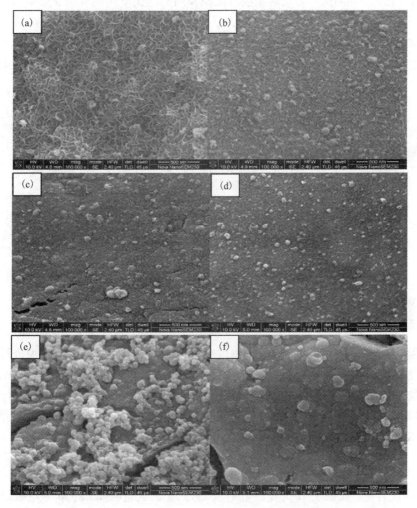

图14−1　(a) ~ (f) Ni(OH)$_2$/TM 在沉积电流密度分别为

1, 2, 4, 8, 16 和 25 mA/cm^2 下的 FE−SEM 图（沉积量为 0.12 mg）

由图14−1可知：从(a) ~ (f)可以看到在沉积过程中形成的 Ni(OH)$_2$ 均匀地覆盖在

TM 表面。其中，在沉积电流密度为 1 mA/cm^2 和 2 mA/cm^2 时形成的 Ni(OH)$_2$ 具有明显的 3D 多孔纳米花状结构；当沉积电流密度增加到 4 mA/cm^2 时，多孔纳米花状结构变得更加细微，整体看起来更加密集；当沉积电流密度继续增加至 16 mA/cm^2 和 25 mA/cm^2 时，花状结构消失，所沉积的是细小的 Ni(OH)$_2$ 纳米颗粒层。说明在小电流密度下 Ni(OH)$_2$ 粒子更倾向于有序组装形成疏松堆积的纳米花状结构 Ni(OH)$_2$，在大电流密度下由于瞬间形成的 Ni(OH)$_2$ 粒子多，时间短暂来不及有序堆积，更倾向于形成致密的 Ni(OH)$_2$ 纳米颗粒。纳米颗粒状的 Ni(OH)$_2$ 比花状结构的 Ni(OH)$_2$ 具有更优的电化学活性，且纳米颗粒越细微，其倍率性能越好。

由文献(Wu Y, Chen J, Li C, et al. *Journal of Physics and Chemistry of Solids*, 2019：124：352 – 360.)可知，不同阴离子掺杂对阴极电沉积样品的电化学性能有明显影响，主要原因是掺杂不同阴离子会影响 Ni(OH)$_2$ 的晶格间距，图 14 – 2 为硝酸根离子在 α – Ni(OH)$_2$ 中插入方式的示意图，其直观地展现了阴离子在氢氧化镍层间的存在方式。阴离子的掺入使得氢氧化镍层间距扩大，增强了 OH$^-$/H$^+$ 离子的转移效率，从而使得样品具有更优的电化学性能。

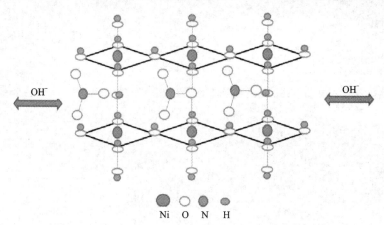

图 14 – 2　硝酸根离子插入 α – Ni(OH)$_2$ 片层结构中的示意图

本实验旨在进一步探索在不同电流密度和含不同阴离子组成的电解液中进行电沉积制备出氢氧化镍的电化学性能，通过电化学测试得到其 CV 和充放电曲线并计算出比容量。

在传统的三电极体系下利用电化学工作站(RST 5000)对氢氧化镍样品进行扫描循环伏安测试(CV)、恒电流充放电测试。采用的对电极为 Pt 片，参比电极是 Hg/HgO(1 mol/L KOH)电极。通过恒流充放电曲线计算电极比容量的计算公式如下：

$$C_m = \frac{I \times \Delta t}{3.6 \times m}$$

其中：C_m 为比容量，mAh/g；I 为充放电电流，A；Δt 为放电时间，s；m 为电极活性物质的质量，g。

三、实验仪器

钛网、泡沫镍、Hg/HgO 电极、Pt 片电极、RST5000 电化学工作站。

四、实验步骤

1. 阴离子种类对氢氧化镍性能影响探究

分别配制 0.1 mol/L Ni(NO₃)₂、NiSO₄、NiCl₂ 和 Ni(CH₃COO)₂ 溶液各 50 mL 作为电解液。将钛网(TM)片裁成 1.0 cm ×2.0 cm 大小作为工作电极(浸入电解液的面积为 1 cm²),Pt 电极为对电极,在 25 mA/cm² 的电流密度下进行恒流阴极极化,使得氢氧化镍的沉积量为 0.24 mg。沉积得到 Ni(OH)₂ 电极后用去离子水冲洗多次,再放入真空干燥箱 70 ℃ 烘干 1 h。按照步骤 3 进行电化学测试。

2. 沉积电流密度对氢氧化镍性能影响探究

配制 0.1 mol/L Ni(NO₃)₂ 作为电解液,分别改变沉积电流密度为 15,5 和 2.5 mA/cm²,重复上述步骤。

3. 电化学测试

所得样品使用电化学工作站进行循环伏安测试和充放电测试。以所得样品为工作电极,Pt 电极为对电极,Hg/HgO 电极为参比电极,电解液为 1 mol/L KOH。循环伏安的电压窗口为 0 ~ 0.75 V,扫描速率为 20 mV/s,扫描段数为 6。在充放电测试中,充电截止电压为 0.5 V,放电截止电压为 0 V,充电电流分别为 5,20 和 50 A/g,循环数设为 3。截取循环伏安曲线和充放电曲线的第二段作为参考。

五、数据处理

分别作出不同电流密度对 Ni(OH)₂ 电化学性能影响的曲线图,以及不同阴离子电解液对 Ni(OH)₂ 电化学性能影响的曲线图。计算所有样品的比容量并分析电流密度及阴离子种类对材料的电化学性能的影响。

六、思考题

(1)为什么改变电流密度会影响氢氧化镍的电化学性能?
(2)阴离子掺杂影响氢氧化镍电化学性能的原因是什么?

实验 15

功能薄膜材料的电化学制备及性能检测

一、实验目的

(1)结合 $E-pH$ 图了解电沉积金属、金属化合物薄膜材料的原理及方法;

(2)掌握电沉积液的配制、pH 计的校准及使用方法;

(3)熟练掌握一些基本的电化学检测手段,包括循环伏安(CV)、线性扫描伏安(LSV)、恒电流/电位法、恒电流/恒电位阶跃、交流阻抗(EIS)等;

(4)了解电化学石英晶体微天平(EQCM)的测试原理,掌握正确的使用方法,掌握电沉积金属/氧化物时电流效率的计算方法;

(5)熟悉旋转圆盘电极的使用方法;

(6)熟悉金相显微镜的使用方法;

(7)熟悉四探针的使用方法及薄膜材料电阻率的计算方法。

二、实验原理

1. 金属/金属化合物功能薄膜材料的电沉积制备方法

金属元素对应的不同离子物种在不同电位及 pH 条件下的稳定性不同,这一对应关系可由 $E-pH$ 图来表示。电沉积液的配制可根据目标产物来选择合适的前驱体,然后根据对应 $E-pH$ 图调整溶液至合适的 pH。通过改变工作电极表面的 pH(在工作电极表面生成 H^+ 或 OH^-)或在工作电极表面氧化/还原溶液中金属离子前驱体来触发目标产物(金属或金属化合物)的沉积。

金属/金属化合物的沉积电位可通过在电沉积液中进行循环伏安(CV)或线性扫描伏安(LSV)扫描来研究确定。电极表面发生的氧化还原反应会在相应的电位出现对应的氧化/还原峰。

找到合适的沉积电位窗口后,可根据实际情况选择一个恒定的沉积电位/电流密度(根据工作电极的几何表面积计算)对目标产物进行电沉积。在一定的电位窗口范围内,有可能通过微调沉积电位/电流以得到结构相同,但组成略有差别的金属化合物,这些金属化合物有可能显示出不同的性质(如:电阻率、催化性能等)。

2. 功能薄膜材料的电化学合成机理研究

通过对电沉积液中不同扫速下和不同转速(通过旋转圆盘电极(RDE)完成)下的 CV或 LSV 曲线进行分析研究,将峰电流密度与扫速和转速的关系对比 Cottrell equation 和Levich equation 可以对电极表面反应的机理进行初步研究,探索该电极反应的控制步骤及可能的机理。

3. 功能薄膜材料的生长速率及电流效率测定

确定了沉积电位/电流密度后,可使用该沉积电位/电流密度在 EQCM 电解池中进行电沉积金属/金属化合物薄膜材料。EQCM 的工作电极片为表面镀金的有固定振动频率的石英晶体片,在电沉积的过程中,随着薄膜的生长,石英晶体片的振动频率会改变,仪器通过测试振动频率随时间的改变曲线,可计算出电极表面薄膜的质量随时间的改变曲线(根据 Sauerbrey equation)。然后根据电极的几何表面积和沉积物质的密度,可换算出薄膜厚度随时间的改变曲线,从而得到实时的薄膜生长情况曲线。

此外,根据电沉积过程中通过电极表面的电量以及得到的目标产物的质量,可计算出在沉积过程中的电流效率。

4. 功能薄膜材料的性质检测

1)薄膜表面显微组织表征

使用金相显微镜对功能薄膜材料的表面显微形貌及组织进行表征。着重观察所沉积的薄膜表面是否均匀、完整,是否存在明显的缺陷。对比组成不同的薄膜的表面显微组织的区别。

2)薄膜电阻率的测试

功能薄膜材料的薄膜电阻(方块电阻)可由四探针进行测定(需将薄膜先用 superglue 剥离至不导电的玻璃片上)。对于沉积了固定时间的薄膜材料,其厚度由上述的 EQCM 测试可知。因此,结合四探针和 EQCM 的结果,可以计算出薄膜电阻率。

3)功能薄膜材料的应用性能测试(如:析氧反应催化性能)

在合适的水系电解液中(根据不同的薄膜材料来选择)对功能薄膜材料进行 LSV 及塔菲尔曲线测试,可得到塔菲尔斜率及交换电流密度、析氧过电位等一系列用于评价功能薄膜材料析氧反应催化性能的数据。一般情况下,析氧过电位越小、塔菲尔斜率越小、交换电流密度越大,代表该薄膜对析氧反应的催化性能越好。

三、仪器与试剂

仪器:电子天平、电化学工作站(配套石英晶体微天平和旋转圆盘电极)、四探针、金相显微镜、pH 计、电极若干(包括工作电极、参比电极、对电极)、恒温水浴或加热板(带磁力搅拌)、玻璃仪器若干。

试剂:相应的试剂若干。

四、实验内容

1. 电沉积制备功能薄膜材料

根据目标产物中所含金属离子的对应的 $E-pH$ 图选择合适的前驱体配制电沉积溶液,根据 pH 计来测量并使用合适浓度的酸/碱溶液调整电沉积液至合适的 pH。通过 CV 或 LSV 确定沉积电位/电流密度。采用恒电位/恒电流在工作电极表面电沉积目标产物薄膜。

2. 探索薄膜生长机理

在电沉积溶液中通过 CV 或 LSV 研究氧化还原峰电流密度与扫速和转速之间的关系,推测电沉积过程中的可能控制步骤和可能的机理。

3. 测试薄膜生长速率并计算电沉积过程中的电流效率

采用 EQCM 监测电沉积过程薄膜厚度随时间的变化,计算比较不同电位/电流密度下薄膜的生长速率及电流效率。

4. 观测薄膜表面显微组织

采用金相显微镜,调整合适的放大倍数及观测模式,对组成不同的功能薄膜材料的表面进行观察,确定薄膜表面是否存在明显的缺陷。探索沉积条件对薄膜表面显微组织的影响,并对比组成不同的薄膜的显微组织的区别,为下面的析氧催化性能测试提供更多的信息。

5. 测试化学组成不同的薄膜材料的电阻率

根据 EQCM 的结果将电沉积一定厚度的薄膜材料剥离至不导电的玻璃片上,采用四探针分别测试化学组成不同的薄膜材料的薄膜电阻(方块电阻),分别计算薄膜的电阻率,探索薄膜电阻率随化学组成变化的关系。

6. 测试薄膜析氧催化性能

在合适的水系电解液中(如:1 mol/L NaOH 或 Na_2SO_4)对电沉积的薄膜材料进行测试。通过 LSV 初步得到薄膜析氧过电位,通过恒流/恒压阶跃得到稳态塔菲尔曲线,计算塔菲尔斜率和交换电流密度。对比不同化学组成的薄膜材料的析氧催化性能,得到化学组成与析氧催化性能的关系。

实验 16

锂离子电池正极材料的电化学评价方法

一、实验目的

(1)了解锂离子电池的工作原理；

(2)熟练掌握电极的制作方法；

(3)掌握锂离子半电池的组装工艺；

(4)掌握电池测试中常用的电化学评价方法。

二、实验原理

锂离子电池是指分别用两个能实现锂离子可逆插入与脱出的材料作为正、负极的二次电池，可以理解为一种离子浓差电池，工作原理如图 16 - 1 所示。在充电过程中，锂离子从正极脱出，经过电解质的传导嵌入负极，此时，负极处于富锂状态，正极材料中因锂离子的脱出，材料中的金属离子化合价态升高以保持电中性。放电过程则正好相反，电池在充放过程中锂离子在正极间往复插入和脱出，伴随着电极活性材料因电子的得失而发生相应的氧化还原反应。

商业化的锂离子电池主要由正极、负极、电解液和隔膜四部分组成。而实验室用于评估的电池材料通常采用半电池，以锂片为负极。常用的电化学评价方法包括循环伏安法、交流阻抗法和电池充放电测试法。

循环伏安法(cyclic voltammetry, CV)是指在一定电势范围内，通过控制电极电势不同速率，使电极上能交替发生不同的氧化还原反应，并记录电流 - 电势曲线的测试方法。可以根据曲线形状、峰位置、峰间距等信息来判断电极反应的可逆程度，中间体、界面吸附或者新相形成的可能性等，电极循环伏安曲线如图 16 - 2 所示。

交流阻抗法(electrochemical impedance spectroscopy, EIS)是以一种利用小幅度交流电压或电流对电极扰动进行电化学测试的方法。由电极系统的响应与扰动信号之间的关系得到电极阻抗，进而分析电极系统包含的动力学过程和机理，估算电极系统的动力学参数

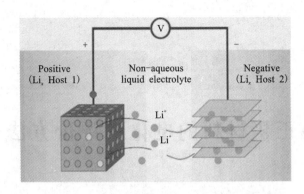

图 16 - 1　锂离子电池的充放电机理示意图

（如电荷转移过程的反应电阻、扩散传质过程电阻等）。图 16 - 3 是理想状态下的电极交流阻抗图谱，通常包括两部分：低频范围内呈 45°的直线与高频范围内的半圆，前者对应于材料的 Warburg 阻抗，影响锂离子在电极固相中的扩散，后者对应电极双电层中的电荷传递阻抗 R_{ct}，是影响电极过程非常关键的因素。半圆弧与横坐标相交的点 R_1 对应电极过程中电解液的溶液阻抗。

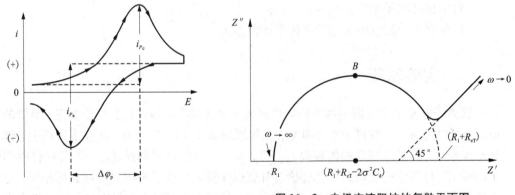

图 16 - 2　电极循环伏安曲线　　　　　**图 16 - 3　电极交流阻抗的复数平面图**

电池充放电测试（charge - discharge test）是通过电池测试系统对材料的相关电化学指标（充放电容量、充放电效率、循环寿命、倍率性能等）进行系统评估的方法，通常采用恒流充电恒流放电的模式，如图 16 - 4 所示。

三、仪器与试剂

主要仪器：压片机、磁力搅拌器、小型涂膜器、真空干燥箱（用于电极的制作）、无水无氧手套箱、电池封口机、切片机（用于电池组装）、电化学工作站、电池测试系统（用于电池的电化学性能评价）。

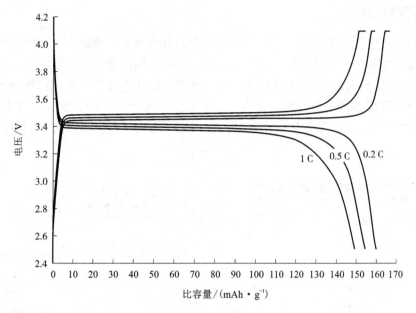

图 16 - 4　电池充放电曲线

主要材料与试剂：商业化磷酸亚铁锂、Super P、聚偏二氟乙烯（PVDF）、N - 甲基吡咯烷酮（NMP）、商业化的电解液（1 mol/L $LiPF_6$ 的 EC 与 DEC 质量比为 1:1 的混合溶液）、金属锂片、隔膜（Celgard）、玻璃板、镊子、剪刀、CR2016 型电池套、铝箔。

四、实验内容

1. 电极片的制作

称取一定量的磷酸亚铁锂、导电剂 Super P 和黏结剂聚偏二氟乙烯（PVDF），按一定质量的比例（8:1:1）充分混合，以 NMP 为溶剂，充分搅拌 4 h 后采用涂膜器将浆料均匀涂于铝箔上。涂膜前准备工作：将铝箔平整地贴在玻璃板上，用胶带将铝箔固定好，然后采用细纱布轻轻打磨，滴加无水乙醇将铝箔上的脏物擦干净。涂好后的极片转移至真空干燥箱于 80 ℃下热处理 8 h，然后采用切片机将涂覆好的铝箔切割成直径为 1 cm 的圆形小极片。

因课时原因，该部分内容实验指导老师需提前准备好极片。

2. 电池的组装

以金属锂片为负极，1 mol/L $LiPF_6$ 的 EC 与 DEC 质量比为 1:1 的混合溶液为电解液，磷酸亚铁锂为正极，在惰性手套箱（米开罗那公司生产）内组装 CR2016 型扣式电池，手套箱操作系统为高纯 Ar 气氛，水与氧的含量均小于 1×10^{-6} g/L。通常情况下，组装好的电池需要静置 4 h 左右再进行电化学测试，使电解液与电极活性材料充分浸润。因课时原因，本实验的电池静置时间取消。

3. 循环伏安测试

本实验采用电化学工作站(上海辰华)进行循环伏安测试。测试前,检查电池的开路电位是否正常,如果在 2 V 以下甚至接近零说明电池在组装过程中出现微短路,电池不能使用,在正常范围(2~3.5 V)内可以使用。测试步骤:打开电化学工作站的电脑操作界面,在设置栏下的实验技术中选择循环伏安法,在实验参数下设置扫描电压范围为 3.0~4.0 V,扫描速率为 2 mV/s,其他参数见图 16-5;点击开始键,并进行扫描,扫描完成后将数据储存。

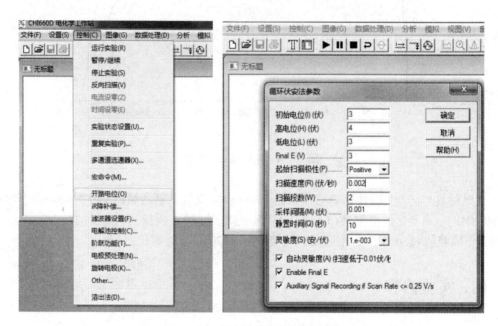

图 16-5　循环伏安测试参数设置

4. 交流阻抗测试

本实验采用电化学工作站(上海辰华)进行交流阻抗测试。测试步骤:打开电化学工作站的电脑操作界面,选择交流阻抗法,初始电位为开路电位,频率范围是 100 kHz ~ 10 MHz,振幅为 0.005,具体见图 16-6。测试完毕后保存数据。

5. 电池充放电测试

使用电化学测试系统(深圳新威 CT-3008W 型)检测电池的充放电容量及循环稳定性,采用恒流充恒流放的模式,选择适当的充放电电流密度,电压范围为 3.0~4.0 V。因时间限制,本实验的充放电倍率选择 10 C,循环次数设置 5 个。

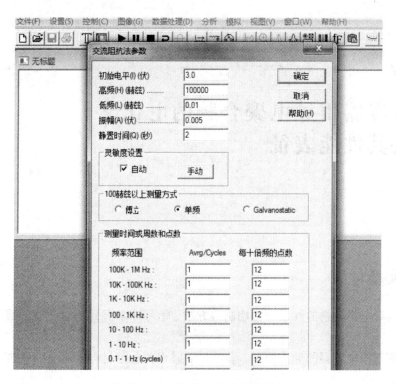

图 16 – 6　交流阻抗测试参数设置

五、结果与讨论

根据实验结果，采用 Origin 软件分别画出 CV、EIS 和充放电曲线图，并根据 3 种不同的电化学评价技术，综合分析材料的电化学性能。

六、思考题

(1)电池组装为什么需要在手套箱里面操作？

(2)为什么有些电池组装出来会出现开路电位为零的现象？如何避免电池出现短路？

(3)电池充放电曲线之间为什么会出现电压降？

(4)电池在进行交流阻抗测试前，一般需要将电池在测试电位下恒定一段时间，其主要目的是什么？

实验 17

超级电容器用导电聚合物的电化学合成及其性能表征

一、实验目的

(1) 了解导电聚合物的性质和常用制备方法,学习并掌握几种电化学合成导电聚合物的技术;

(2) 了解超级电容器的储能原理,学习并掌握相关电极材料的电化学性能测试和表征方法。

二、背景知识及实验原理

自 20 世纪 70 年代第一种导电聚合物——聚乙炔发现以来,一系列新型的导电聚合物(如聚噻吩、聚吡咯、聚苯胺、聚苯撑、聚苯撑乙烯和聚双炔等)相继问世。

导电聚合物(conducting polymer)又称导电高分子,是指通过掺杂等手段,能使得其电导率达到半导体和导体范围内的聚合物。本征导电聚合物(intrinsic condcuting polymer)主链上含有交替的单键和双键,从而形成了大的共轭 π 体系,使其具备导电的可能性。通常未经掺杂处理的导电聚合物电导率很低,基本属于绝缘体。主要原因在于导电聚合物的能隙很宽,室温下反键轨道(空带)基本没有电子。但经过氧化掺杂(使主链失去电子)或还原掺杂(使主链得到电子),在原来的能隙中产生新的极化子,使其电导率上升到 $10 \sim 10^4$ S/cm^2,达到半导体或导体的电导率范围。

导电聚合物不仅具有较高的电导率,而且具有光导电性质、非线性光学性质、发光和磁性能等,它的柔韧性好、生产成本低、能效高。导电聚合物不仅在工业生产和军工方面具有广阔的应用前景,而且在日常生活和民用方面都具有极大的应用价值。导电聚合物具有掺杂和去掺杂特性、较高的室温电导率、较大的比表面积和比重轻等特点,因此可以用于超级电容器和二次电池的电极材料;导电聚合物在电化学掺杂时伴随着颜色的变化,它可以用作电致变色显示材料,不但能用于军事上的伪装隐身,而且也能用于节能玻璃窗的涂层;导电聚合物具有防静电的特性,因此可以用于电磁屏蔽,相对于传统的电磁屏蔽材料铜或铝箔，具有质量小、成本低、可大面积制件等优点；导电聚合物的电导率依赖于温度、湿度、气体和杂质等因素，因此可作为传感器的感应材料，目前，人们正在开发用导电聚合物制备的温度传感器、湿度传感器、气体传感器、pH 传感器和生物传感器等；导电聚合物还可以用来制作二极管、晶体管和相关电子器件，如肖特基二极管、整流器、光电开关和场效应管等；有些导电聚合物具有光导性，即在光的作用下，能引起光生载流子的形成和迁移，可以用作信息处理如静电复印和全息照相，也可以用于光电转换如太阳能电池；导电聚合物是一类良好的金属防腐蚀材料，同时还是较好的防污材料，可在舰船上广泛应用。

　　最常见的导电聚合物有聚苯胺（polyaniline，PAn）、聚吡咯（polypyrrole，PPy）和聚噻吩（polythiophene，PTh）。制备方法主要包括化学聚合法和电化学聚合法，其中化学聚合法较为简单，适宜于大规模工业化生产；电化学聚合法主要用于特种应用和科学研究，适合小批量生产制备。

　　聚苯胺的形成是通过氧化偶合机理完成的，具体过程可由图 17-1 所示。

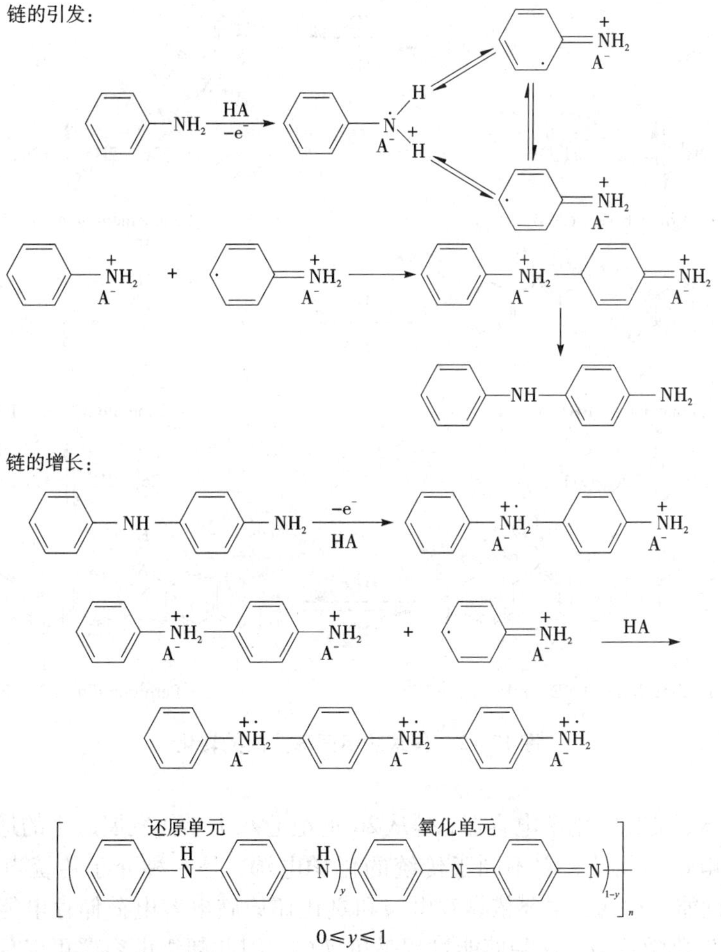

图 17-1　苯胺的氧化聚合过程以及所得聚苯胺的基本结构

　　聚苯胺链的形成是活性链端(—NH$_2$)反复进行上述反应，不断增长的结果(图 17-1)。由于在酸性条件下，聚苯胺链具有导电性质，保证了电子能通过聚苯胺链传导至阳极，使增长继续。只有当头头偶合反应发生，形成偶氮结构时，才能使聚合停止。

　　聚苯胺有 6 种不同的存在形式，并可以通过掺杂/去掺杂和氧化/还原进行转化(图 17-2)。这 6 种形式分别为：未掺杂完全还原态(leucoemeraldine base，LEB)、未掺杂部分氧化态(emeraldine base，EB)、未掺杂完全氧化态(pernigraniline base，PNB)、掺杂完全还原态(leucoemeraldine salt，LES)、掺杂部分氧化态(emeraldine salt，ES)、掺杂完全氧化态(pernigraniline salt，PNS)。随氧化程度的增加，聚苯胺的颜色会逐渐加深，并可能呈现为无色、黄色、绿色、蓝色、紫色、黑色等状态。其中部分氧化态聚苯胺具有导电性，而完全氧化态和完全还原态的聚苯胺不能导电，通过质子掺杂可以显著提高聚苯胺的导电性。

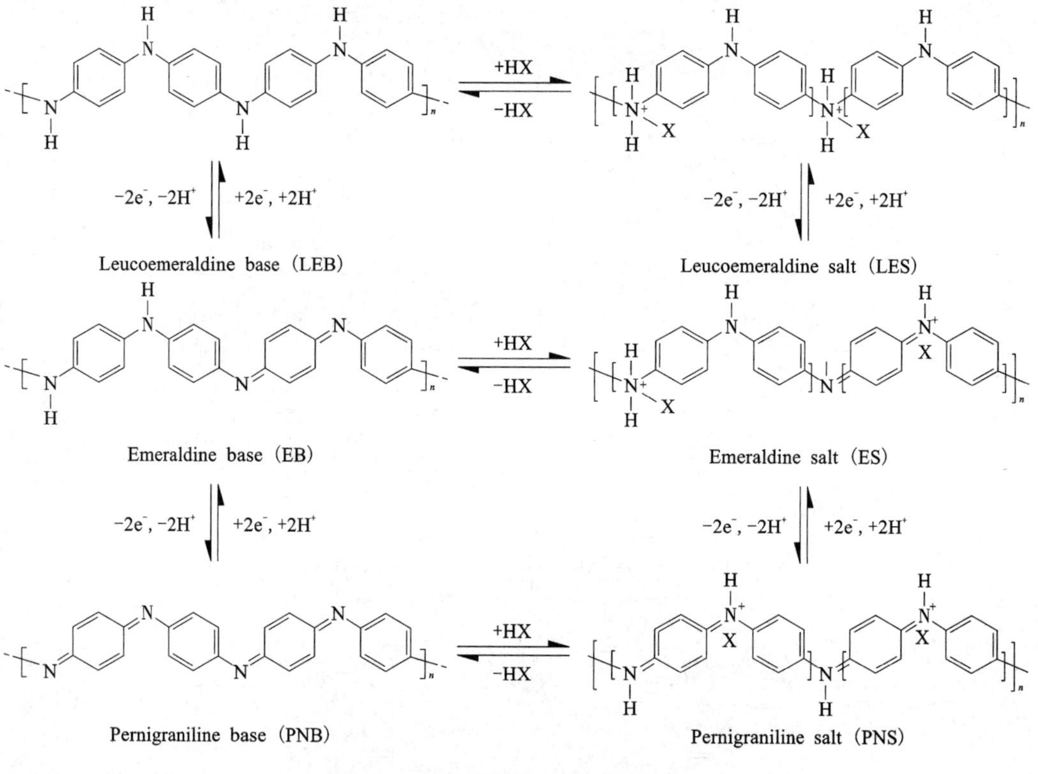

图 17-2　聚苯胺不同形式间的转化

　　超级电容器，又名电化学电容器，是从 20 世纪七八十年代发展起来的通过极化电解质来储能的一种电化学元件。它不同于传统的化学电源，是一种介于传统电容器与电池之间、具有特殊性能的电源，主要依靠双电层和氧化还原赝电容电荷储存电能。但在其储能的过程并不发生化学反应，这种储能过程是可逆的，因此超级电容器可以反复充放电数十万次。超级电容器的突出优点是功率密度高、充放电时间短、循环寿命长、工作温度范围宽等。根据储能机理的不同可以分为双电层电容器和法拉第准(赝)电容器。前者以吸附双电层储能,通常以多孔碳材料为电极活性物质;后者以表面快速氧化还原反应储能,电极材料主要包括导电聚合物和金属氧化物。

本实验以苯胺为原料,在质子酸环境下,采用电化学方法氧化聚合制备导电聚苯胺膜。实验将探讨苯胺浓度、pH 以及不同电化学技术对聚苯胺膜质量的影响。实验还将测试聚苯胺膜电极的电导率、电化学电容、充放电性能等。

三、仪器、材料和试剂

仪器:电化学工作站、金相显微镜、电子天平。

材料:201 不锈钢(网或片)、饱和甘汞(或硫酸亚汞)电极、铂(片或丝)电极、电解池(100 mL)、pH 试纸、烧杯(200,100,50 mL)、量筒(100,10 mL)、移液管(10,5,1 mL)、吸耳球、洗瓶、搅拌棒、滴管、卷纸、剪刀。

试剂:苯胺、硫酸(盐酸、高氯酸)、氢氧化钠。

四、实验内容和步骤

1. 苯胺、硫酸(盐酸、高氯酸)水溶液的配制

分别配制 0.5 mol/L 的苯胺 100 mL 和 1.0 mol/L 的硫酸(盐酸、高氯酸)200 mL 备用。

2. 电极的预处理

将不锈钢网裁成适合电解池大小的长条形,用自来水冲洗除尘,在丙酮中超声除油,再用蒸馏水清洗干净作为工作电极备用。

3. 电解池的装配

电解池采用三电极体系,以处理过不锈钢网为工作电极,饱和甘汞电极为参比电极,铂电极为辅助电极,电解液为一定配比(体积比为 1:1,1:2,1:3)的酸和苯胺混合溶液。

4. 苯胺电聚合的氧化电位确定

在 40 mL 含苯胺与硫酸的混合溶液中扫循环伏安曲线,电位扫描范围为 -0.1~1.2 V 伏,扫描速度为 50 mV/s,确定苯胺氧化聚合的合适电位。

5. 聚苯胺膜的制备

根据确定的氧化电位,采用恒电位法制备聚苯胺膜,聚合时间为 100~300 s。观察聚合物膜的颜色变化和电流的变化。

采用循环伏安法制备聚苯胺膜,扫描 10~20 圈(20~40 段)。观察聚合物膜的变化和电流变化。

采用恒电流法制备聚苯胺膜,氧化电流约为 1 mA/cm^2,限制电位为 1.5 V 或限制时间

为 600 s。观察聚合物膜的变化和电位变化。

6. 聚苯胺膜电极的阻抗特性

将所制备的聚苯胺膜电极置于 0.5 mol/L 的硫酸溶液中，分别在 0.4, 0.8 与 1.2 V 处施加 10 mV 的交流电信号，在 $0.1 \sim 10^5$ Hz 范围测试电化学阻抗谱。分析比较传荷电阻和电容特性。

7. 聚苯胺膜电极的循环伏安特性

将所制备的聚苯胺膜电极置于 0.5 mol/L 的硫酸溶液中，分别采用不同扫速(200, 100, 50, 20 与 10 mV/s)在 $-0.1 \sim 1.2$ V 范围内进行循环伏安测试，观察电流与扫速的变化趋势，作出峰电流与扫速的关系曲线。

8. 聚苯胺膜电极的电化学电容性能

将所制备的聚苯胺膜电极置于 0.5 mol/L 的硫酸溶液中，分别以 20, 10, 5 和 1 mA/cm² 的电流密度在 $-0.1 \sim 1$ V 间进行充放电，充放电 10 圈，观察电流密度与电化学电容的关系。

9. 聚苯胺膜的导电特性

将所制备的聚苯胺膜放置在多功能数字式四探针测试仪的台架上，选择好量程，测定聚苯胺膜的电阻率/方阻，比较不同条件下制备的薄膜导电性能。

10. 不同 pH 条件下的聚苯胺的可逆性能

用氢氧化钠调 0.2 mol/L 的硫酸到 pH 分别为 1, 3 和 6，测定聚苯胺膜电极在不同酸性条件下的循环伏安曲线，观察氧化还原峰电流大小的变化和对应氧化峰与还原峰电位差的变化，说明酸性对聚苯胺氧化还原可逆性的影响。

五、思考和讨论

(1) 为什么用于聚合沉积的电极材料要进行预处理？如果采用玻碳电极是否需要进行预处理？该如何处理？
(2) 电化学合成方法有哪些？是否都能达到同样的效果？
(3) 电化学法合成聚苯胺膜的性质与哪些因素有关？
(4) 储能电极材料的电化学性能表征和测试方法主要有哪些？

二、工艺类专业综合实验

（一） 萃取

实验 18

超临界二氧化碳萃取花生油

一、实验目的

（1）了解超临界流体的性质和萃取原理；

（2）掌握超临界流体萃取装置的基本结构与操作方法；

（3）掌握超临界流体萃取花生油生产工艺和油脂酸值测定方法。

二、实验原理

超临界流体是介于气、液之间的一种既非气态又非液态的物质状态，它只能在其温度和压力超过临界点时才能存在（图 18-1）。由于密度与液体接近，黏度和气体接近，超临界流体对溶质具有较高的溶解能力和较快的传质速率，可快速通过改变超临界流体的密度来调节流体的溶解能力，从而实现物质的萃取分离。CO_2 具有无毒、无臭、不燃、价廉和易得的优点，其临界压力为 7.38 MPa，临界温度为 31.04 ℃，是目前较为理想的超临界萃取流体。

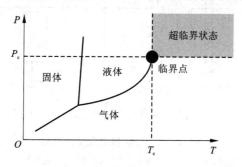

图 18-1 超临界流体的 $P-T$ 关系

　　油脂广泛存在于动、植物组织中，是人体必需的六大营养素之一，是保证人体正常生命活动的重要物质。工业上生产油脂的方法主要是压榨法和溶剂浸提法，这些方法不仅效率低、操作繁琐，还不可避免地会产生溶剂残留，影响油脂的品质。而超临界流体萃取技术较传统的分离技术而言是一种新型的分离技术，具有提取率高、无溶剂残留、操作简便等优点。

　　利用超临界萃取技术萃取油脂或某种成分，需要对流体萃取中的各个影响因素综合控制，以达到较好的萃取效果。影响油脂萃取率的主要因素有萃取压力、萃取温度、萃取时间以及 CO_2 流量等。研究表明，压力对萃取效果的影响最大，主要体现在增压可增加溶剂的密度，并通过减小分子间的传质距离而增加溶质与溶剂间传质效率，从而有利于萃取，在实际操作过程中压力不宜过大，因为随着压力的增大，设备和管路的压力安全防护等级提高，增加了设备成本和安全管理风险。在恒定萃取压力下，萃取温度对植物油脂萃取的影响有2种趋势：①随温度的升高，油脂收率逐渐增加，②当超过一定温度时，又逐渐下降，这种情况在萃取压力较高时出现；对于萃取时间而言，一般时间越长越利于提高萃取率，适当延长萃取时间具有积极的作用，当超过一定的时间后，萃取率变化不大。以上工艺参数都需要综合考虑各因素的相互影响，合理控制，以达到最佳工艺要求。

三、装置的主要构成及技术参数

　　实验装置为江苏华安超临界萃取有限公司生产的 HA121 – 50 – 02(01) 型超临界 CO_2 萃取仪，装置结构如图 18 – 2 所示，具体参数如下：

萃取釜容积：1 L；

分离釜容积：0.5 L，2 只；

萃取温度：0 ~ 90 ℃可调；

萃取压力：0 ~ 40 MPa 可调；

流量：0 ~ 50 L/h 可调。

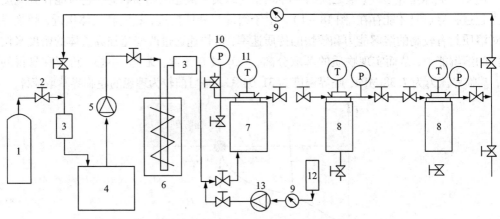

图 18 – 2　超临界萃取装置结构

1—CO_2 气瓶；2—阀门；3—净化器；4—CO_2 水冷却箱；5—高压泵；6—换热器；7—萃取釜；8—分离釜；9—流量计；10—压力表；11—温度计；12—夹带剂罐；13—计量泵

四、实验步骤

1. 开机前的准备工作

（1）首先检查电源、三相四线是否完好。

（2）检查冷冻机及储罐的冷却水源是否畅通，冷箱内为 30% 乙二醇和 70% 水溶液。

（3）CO_2 气瓶压力保证在 5～6 MPa 的气压，食品级净重大于 22 kg。

（4）检查管路接头以及各部位是否牢靠。

（5）将各水箱内加入冷水，不宜太满，离箱盖 2 cm 左右，每次开机前要检查水位。

（6）萃取原料装入料筒，原料不要装得太满，离过滤网 2～3 cm。

（7）将料筒装入萃取釜，盖好压环及上堵头。

（8）当萃取液体需要加入夹带剂时，将料液放入夹带剂罐，可用泵压入萃取罐内。

2. 开机操作

（1）先打开空气开关，三相电源指示灯亮，启动电源的绿色按钮。

（2）接通冷开关和同时接通水循环。

（3）将萃取釜、分离Ⅰ、分离Ⅱ的加热开关接通，再将各自控温仪器调整到各自所需的设定温度。

（4）在冷冻机温度降低到 0 ℃左右，且萃取釜、分离Ⅰ、分离Ⅱ温度接近设定要求后进行后续操作。

（5）开始制冷的同时将 CO_2 气瓶通过阀门 2 进入净化器、冷盘管和储罐，将 CO_2 进行液化，液体 CO_2 通过泵、混合器、净化器进入萃取釜（萃取釜已经装上样品且关闭堵头），等压力平衡后，打开萃取釜放空阀 4，慢慢放出残留空气后，降低部分压力，关闭放空阀 4。

（6）加压力。先将电极点拨到所需要的压力（上限），启动泵 1 绿色按钮，再用手按数位操作器中的绿色触摸开关"RUN"，当反转时，按一下触摸开关"FWD/PEV"；当流量过小时，用手摸触摸开关"▲"，泵转速增大，直至流量达到要求时松开，如果流量过大，可用手摸触摸开关"▼"，泵转速减小，直至流量降低到要求时松开。当压力接近设定压力时（要提前 1 MPa 左右），开始打开萃取釜后面的节流阀门，打开阀门 3，CO_2 进入萃取釜，开阀门 5、7、9 使 CO_2 进入分离Ⅰ，开阀门 10 使 CO_2 进入分离Ⅱ，开阀门 13、12 和 1 回路循环；调节阀门 7 控制萃取釜压力，调节阀门 10 控制分离Ⅰ压力，调节阀门 12 控制分离Ⅱ压力。

（7）中途停泵时，只要按数位操作上的"STOP"键即可。

（8）萃取完成后，关闭冷冻机、泵各种加热循环开关，再关闭总电源开关，萃取釜内压力放入后面分离器，待萃取釜压力和后面平衡后，再关闭阀门 5，打开放空阀门 3、阀门 5、打开放空阀门 4 以及阀门 a1，待萃取釜没有压力后，打开萃取釜盖，取出料筒为止，整个萃取过程结束。

（9）分离出来的物质分别在阀门 a2、阀门 a3 和阀门 a4 处取出。

五、酸值及游离脂肪酸的分析方法

准确称取 1 g 样品，置于锥形瓶中，加入 20 mL 无水乙醇，加入 2 mL 丙酮，振荡使之完全溶解。必要时可置于热水中，温热使之完全溶解，再冷却到室温。加入酚酞指示剂 2 ~3 滴，以浓度约 0.1 mol/L 的氢氧化钾标准水溶液滴定，至初显微红色，且 30 s 内不褪色为终点。氢氧化钾与游离脂肪酸中和反应方程式为：

$$RCOOH + KOH \Longrightarrow RCOOK + H_2O$$

酸值及游离脂肪酸含量计算公式：

$$w = \frac{M \times V \times 56.1}{m}$$

$$\rho = \frac{M \times V \times 10^{-3}}{m} \times 282.5 \times 100\%$$

式中：w 为酸值，mgKOH；ρ 为游离脂肪酸质量分数；M 为氢氧化钾标准水溶液的摩尔浓度，mol/L；V 为氢氧化钾标准水溶液的体积消耗量，mL；m 为样品质量，g；56.1 为氢氧化钾的相对分子质量；282.5 为油酸的相对分子质量；

六、实验记录与数据处理

1. 实验参数

样品质量_____ g，萃取釜温度_____ ℃，萃取釜压力_____ MPa，分离釜Ⅰ压力_____ MPa，分离釜Ⅰ温度_____ ℃，分离釜Ⅱ压力_____ MPa，分离釜Ⅱ温度_____ ℃。

2. 数据记录

数据记录如表 18 - 1 所示。

表 18 - 1　萃取数据记录表

序号	CO_2 流量/(L·h^{-1})	时间/min	油脂质量/g	酸值/mgKOH
1				
2				
3				
4				
5				
6				

3. 数据处理

（1）CO_2 中溶质浓度与时间关系的曲线 $c-t$。

$$c = \frac{取样时间段内分离釜 \text{I} 得到的产品质量}{该时间段内 CO_2 体积} \times 100\%$$

（2）油脂酸值与时间的关系曲线 $w-t$。

（3）油脂产品收率和累计收率与时间关系曲线 $y-t$。

产品收率 y：

$$y = \frac{取样时间段分离釜 \text{I} 中得到的产品质量}{萃取釜加入的原料总质量} \times 100\%$$

累积产品收率：

$$y_{累积} = \frac{分离釜 \text{I} 中得到的产品总质量}{萃取釜加入的原料总质量} \times 100\%$$

七、思考题

（1）CO_2 的临界温度和临界压力是多少？

（2）超临界流体的特性是什么？

（3）常用的超临界流体有哪些，为什么选择 CO_2 作为油脂的萃取剂？

（4）超临界萃取过程的主要操作参数是什么，压力和温度对花生油超临界萃取过程有何影响？

（5）超临界萃取技术还可以用于哪些物质的分离和提取？

八、实验注意事项说明

（1）在萃取过程中，由于设备高压运行，实验时不得离开操作现场，不得随意乱动仪表盘后面的设备、管路、管件等，发现问题及时断电，然后协同指导老师解决。

（2）为防止发生意外事故，在操作过程中，若发现超压、超温、异常声音等，必须立即关闭总电源，然后汇报指导老师协同处理。

（3）通常分离釜体后面的阀门及回流阀门处于常开状态时，釜内压力应与储罐压力相等。若实验中分离釜内压力高于储罐压力，则表明气路堵塞，必须及时进行处理。处理方法：①将压力排空，用酒精萃取；②将压力排空后无法通气的管路，人为疏通，完成后应将压力帽拧紧，确保安全使用。

（4）若系统发生漏气现象，及时与指导老师汇报，并进行处理，防止 CO_2 的大量泄漏。

（5）实验完成后必须清理装置和实验用工器具、物料等，擦洗操作台以保证设施的完好。

（二） 干燥

实验 19

碳酸钙喷雾干燥实验

一、实验目的

（1）掌握喷雾干燥器的结构、操作、控制和调整；

（2）观察物料的实际喷雾干燥过程；

（3）测定碳酸钙悬浮液喷雾干燥后的含水量。

二、实验装置及原理

喷雾干燥实验机是一种实验室小型喷雾干燥设备（图 19 - 1），主要用于陶瓷、植物提取物和食品材料的干燥和粉末化。食物原料由蠕动泵进料入高速离心喷雾头雾化成为极细的雾滴，与炽热的空气进行剧烈的热交换，干燥成为粉状或颗粒状、含水量低的产品，通过旋风分离器，排出湿空气，实现了液体原料的快速干燥粉末化。这种干燥方法的特点是干燥速度快。浓缩液被雾化成很小的微粒，增大了液体蒸发的表面积，如 1 cm^3 的液体，雾化的液滴直径为 100 μm，则其总的液滴的表面积为 600 cm^2，这样大的表面积与高温热介质接触，进行迅速的热交换，一般只需几秒到几十秒就能干燥完毕，具有瞬间干燥的特点。虽然喷腔中空气温度较高，热空气进口温度达 150 ~ 250 ℃，但液滴有大量水分蒸发，其干燥温度一般不超过热空气的湿球温度，适合热

图 19 - 1　喷雾干燥装置

敏性物料的干燥，且制品有良好的分散性和溶解性，产品干后成为粒径不同的空气球，制品疏松，产品在密封的容器中干燥不会被污染，生产过程简单，操作方便，适合连续化生产。其主要缺点是单位产品耗热量大，容积干燥纯度小，因此干燥设备体积大。

三、操作步骤

1. 原料液的准备

在烧杯中放入欲喷雾干燥的碳酸钙悬浮液，并把它放在磁力搅拌器上，料液备用，一般固含量为 10%～30%，要求学生自己配好。

2. 喷雾干燥器使用及操作方法

（1）检查喷头及管件连接是否正确、密封。

（2）接通电源（指示灯亮）。

（3）根据需要设定空气进口温度、出口温度。

（4）打开鼓风机开关（调至所需的风速）。

（5）打开加热开关。

（6）当温度达到设定温度时，按下压缩泵按键。

（7）开启电源，在烧杯中投入磁棒进行搅拌，打开蠕动泵开关，开始进料液。

（8）通过调节压缩泵、蠕动泵和脉冲旋钮来调整料液喷雾速度的快慢和喷嘴的大小，喷雾干燥开始。

（9）当干燥结束时，关闭喷雾干燥器的操作应逆向进行。

（10）当仪器冷却后，取下接受瓶、各部组件及喷头洗净，以备后用。

3. 操作中需要的注意事项

（1）按照拟定的工艺条件，调整热工参数，在进风温度 300～350 ℃ 与排风温度 80～95 ℃ 范围选择，并进行喷雾操作。

（2）停机与出粉按操作规程。干燥将结束前，做好停机准备，按程序停机、出粉及清扫，必要时进行设备的清洗与烘干；

（3）喷雾干燥器的性能。喷雾干燥器属于小型离心喷雾干燥设备，以电加热空气为干燥介质，电力功率为 3 kW、进风温度可达 250 ℃，最大水分蒸发量为 1.5 kg/h。

（4）操作要点：

①开始工作时，先开启电加热器，并检查有否漏电现象及排风机有否杂声，如正常即可运转，预热干燥室；

②预热期间关闭干燥器顶部用于装喷雾转盘的孔口及出料口，以防冷空气漏进，影响预热；

③干燥器内温度达到预定要求时，即可开始喷雾干燥作业。开动喷雾转盘，待转速稳定后，方可进料喷雾；

④根据拟定的工艺条件,通过电源调节和控制所需的进风和排风温度或调节进料流量、维持正常操作;

⑤喷雾完毕后,先停止进料再开动排风机出粉,停机后打开干燥器室门,用刷子扫室壁上的乳粉,关闭室门,再次开动排风机出粉;

⑥最后清扫干燥室,必要时进行清洗。

四、注意事项

(1)本实验属于高温操作,特别需要注意防止烫伤,请不要触摸装置中任何玻璃制品;

(2)必须先开风机,再开加热器;

(3)设备停机前,必须先关闭加热,待温度降到60 ℃以下后,再关闭风机;

(4)设备设有操作保护功能,在风机开关未打开时,加热开关无法开启;

(5)设备设有故障保护功能,在温度低于60 ℃时,无法关闭;

(6)设备设有故障保护功能,在风机变频报警时,加热器自动关闭,无法打开;

(7)禁止非专业人员操作,切勿修改配电柜中的电线,有问题请及时联系指导老师;

(8)操作过程中主要磁力搅拌器上的玻璃杯,防止掉落。

五、测试结果与数据处理

(1)测定不同转速蠕动泵转速对应的液体流量,并画成相应的图形曲线。

(2)收集干燥产品,测定其含水量(表19 – 1)。

(3)如果条件允许,可以测定不同风机速度下的产品含水量(表19 – 2),并绘制碳酸钙产品含水量与风机开度的变化关系曲线。

表19 –1　进风温度与产品含水量、粒度的关系

序号	装置1 与装置2	装置3	体积流量
	蠕动泵转速/(r · min^{-1})	蠕动泵转速/(r · min^{-1})	/(mL · min^{-1})
1			
2			
3			
4			
5			
6			
7			

表 19 – 2　产品含水量的测定

序号	风机 开度	瓶子 质量/g	瓶子 + 产品 总质量/g	产品 质量/g	瓶子 + 绝干产品 总质量/g	绝干产品 质量/g	产品 含水量
1							
2							
3							
4							
5							
6							

注：产品含水量 = (产品质量 – 绝干产品质量)/产品质量 ×100% 。

六、常见问题排除

常见问题排除如表 19 – 3 所示。

表 19 – 3　常见问题排除

问题	可能原因	解决方法
1. 风机不工作	中间继电器 R201.2 损坏 变频器损坏 风机损坏	更换 R201.2 与金凯公司联系 与金凯公司联系
2. 电加热器不工作	风机未启动 固态继电器 SSR201 损坏 电加热器损坏	启动风机 更换固态继电器 SSR201 与金凯公司联系
3. 空气压缩机不工作	中间继电器 R201.1 损坏 空压机未启动 空压机损坏	更换 R201.1 启动空压机 与金凯公司联系
4. 设备没电	外加插座不可靠 断路器 NFB 在关闭位置	检查外接电源是否有电 把 NFB 打开
5. HMI 触摸屏无显示工作	面板启动按钮损坏 开关电源损坏 中间继电器 R1.2 损坏 触摸屏损坏	更换启动按钮 更换开关电源 更换 R1.2 与金凯公司联系

问题	可能原因	解决方法
6. PLC 不工作	断路器 NFB 在关闭位置 中间继电器 R1.1 损坏 PLC 损坏	打开 NFB 更换 R1.1 与金凯公司联系
7. 进风温度无显示	PT - 100 温度探头连接松动 PT - 100 损坏 PT 温度模块损坏	紧固 与金凯公司联系 与金凯公司联系
8. 出风温度无显示	PT - 100 温度探头连接松动 PT - 100 损坏 PT 温度模块损坏	紧固 与金凯公司联系 与金凯公司联系
9. 进风温度无法达到设定值	风机风量太大	修改风机参数
10. 进风温度波动大	PID 值不准确	进行进风温度自调
11. 出风温度无法达到设定值	进风量太大(蠕动泵手动时)	修改蠕动泵参数
12. 出风温度波动大	PID 值不准确	进行出风温度自调
13. 干燥室底端滴料	进风温度太低 雾化空气压力太低 压缩空气漏气 进料量太大	增加进风温度 打开设备后盖板将压力调至 2 ~ 3 bar(¢6 蓝色气管) 检查各处连接是否漏气 修改蠕动泵参数
14. 通针不工作	空气阀门未开 压力太小 通针参数设定太大 电磁阀损坏	打开阀门(¢4 白色气管) 调大减压阀压力 修改通针参数 等换电磁阀

七、思考题

(1)如何理解喷雾干燥的原理?

(2)如果不关加热装置,直接关掉鼓风机,有什么可能发生的后果,为什么?

(3)喷雾干燥主要应用在哪些方面?

(4)在其他条件不变的情况下,增大原料进料量,出口温度有何变化,为什么?

（三）　气体催化处理及测定

实验 20

固定床反应器中乙醇催化脱水制乙烯

一、实验目的

（1）了解乙醇脱水机理；

（2）掌握固定床反应器中进行气固相反应的操作；

（3）了解气相色谱仪的基本原理及产物分析方法，掌握复杂反应的转化率与选择性的计算方法。

二、实验原理及主要装置

乙烯是重要的基本有机化工原料，实验室可通过乙醇在固体酸性催化剂的催化作用下脱水制得。活性氧化铝是用于乙醇脱水制乙烯工业生产的最普遍催化剂之一，化学性能稳定，生产成本相对较低。本试验以活性氧化铝（$\gamma - Al_2O_3$）为催化剂，在固定床反应器中进行乙醇脱水实验。

乙醇在活性氧化铝催化下，可能发生两种反应：脱水生成乙烯及乙醚；或脱氢生成乙醛。实验中采用的脱水温度为 340～360 ℃。

脱水反应：

$$C_2H_5OH \longrightarrow C_2H_4 + H_2O$$
$$2C_2H_5OH \longrightarrow C_2H_5OC_2H_5 + H_2O$$

在酸性固体催化剂存在下，乙醇脱水的机理是，在催化剂的表面吸附层中，醇与酸性位先形成碳正离子，然后分解为烯烃，或与另一分子乙醇结合为乙醚。

脱氢反应：

$$C_2H_5OH \longrightarrow C_2H_4O + H_2$$

固定床反应装置如图 20-1 所示。乙醇经氮气鼓泡带入固定床反应器中的催化剂床层。未反应完的乙醇及产物（乙醚、乙醛）经过冷凝收集，直接进入气相色谱仪分析其组成。

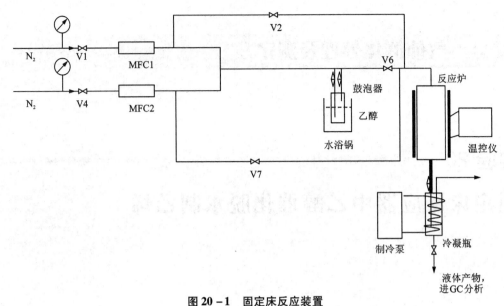

图 20 - 1　固定床反应装置

V1 - V7—球阀；MFC1——质量流量计

　　气相色谱仪利用色谱柱先将混合物分离，然后利用检测器依次检测已分离出来的组分。色谱柱的直径为数毫米，其中填充有固体吸附剂，称为固定相。与固定相相对应的还有一个流动相。流动相是一种与样品和固定相都不发生反应的气体，一般为氮或氢气。待分析的样品在色谱柱顶端注入流动相，流动相带着样品进入色谱柱，故流动相又称为载气。载气在分析过程中是连续地以一定流速流过色谱柱的；而样品则只是一次一次地注入，每注一次得到一次分析结果。样品在色谱柱中得以分离是基于热力学性质的差异。固定相与样品中的各组分具有不同的亲合力。当载气带着样品连续地通过色谱柱时，亲合力大的组分在色谱柱中移动速度慢，因为亲合力大意味着固定相拉住它的力量大。亲合力小的则移动快。从而对液体混合物进行分离。检测器对每个组分所给出的信号，在记录仪上表现为一个个的峰，称为色谱峰。色谱峰所包罗的面积则决于对应组分的含量，故峰面积是定量分析的依据。

三、实验步骤

　　(1)按照固定床反应装置图，连接各个部件，检查控温仪升温情况。检查气相色谱仪气路情况，检查分析程序。

　　(2)向石英管反应器中填少量石英棉，压紧，然后装填 0.2 ~ 0.5 g 活性氧化铝催化剂。将反应管固定于加热炉内，移动位置，使催化剂位于加热炉的中部，插好热电偶。

　　(3)连接反应管的进气口和出气口。打开钢瓶，减压到 0.2 ~ 0.3 MPa，检查系统的气密性，连接好液体产物的收集系统。

　　(4)将一定量的乙醇装入瓶内。

　　(5)按照程序升温，一般为 5 ℃/min，升温至反应温度。打开氮气，氮气流量控制在

50～150 mL/min，带入乙醇，开始反应，同时，出口产物气体直接进入气相色谱(GC)分析。

(5)改变反应温度、氮气流量(换算为空速)，考察这些因素对反应结果的影响。

(6)实验完毕，先降温，再关气体。冷至室温后，取出催化剂。

(7)打扫实验室卫生。

四、实验记录与数据处理

在一定的升温程序下，通过气相色谱(GC)可以测得乙醇、乙烯、乙醚、乙醛的出峰位置以及峰面积。峰面积分别记为 $S_{ethanol}$，$S_{ethylene}$，S_{ether}，$S_{aldehyde}$，这几种物质的量比就是其峰面积比(校正系数都近似为1)。

另外，根据反应方程式可知，1 mol 的乙烯消耗 1 mol 的乙醇，1 mol 的乙醛也消耗 1 mol 的乙醇，1 mol 的乙醚消耗 2 mol 的乙醇，则可以计算出剩余乙醇以及各个产物的物质的量。

因此，可以进一步计算出乙醇的转化率及目标产物乙烯的选择性。

乙醇的转化率 x：

$$x = \frac{n_{0,\ ethanol} - n_{ethanol}}{n_{0,\ ethanol}}$$

式中：$n_{0,\ ethanol}$ 和 $n_{ethanol}$ 分别为反应进口及反应出口乙醇的物质的量。

目标产物乙烯的选择性 $Y_{ethylene}$：

$$Y_{ethylene} = \frac{n_{ethylene}}{n_{ethylene} + n_{aldehyde} + n_{ether}}$$

式中：$n_{ethylene}$，$n_{aldehyde}$ 和 n_{ether} 分别为乙烯、乙醛、乙醚的物质的量。

根据不同温度下的转化率和选择性，请计算该催化剂上进行乙醇脱水反应的活化能。

根据不同空速的转化率和选择性，请对该固定床层的外扩散情况进行分析。

原始实验记录如表 20-1 所示。

表 20-1 乙醇脱水反应原始数据记录表

序号	催化剂质量/g	反应时间/min	反应温度/℃	氮气流量/(mL·min⁻¹)	GC显示乙醇峰面积	GC显示乙烯峰面积	GC显示乙醛峰面积	GC显示乙醚峰面积
1								
2								
3								
4								
5								
6								
7								

五、思考题

(1)气相色谱的分析原理是什么？为什么可以分析液体混合物的含量？

(2)除了活性氧化铝，还有什么类型的催化剂可以用于此反应？

(3)工业上制乙烯有哪些方法？

（四）　膜分离

实验21

组合膜分离法制备纯净水

一、实验目的

（1）了解组合膜分离法制备纯净水的原理；

（2）掌握组合膜设备的使用，比较不同组合处理自来水或水溶液的效果；

（3）掌握电导率测试盐溶液浓度的方法及原理。

二、实验原理

膜分离技术是指在分子水平上不同粒径分子的混合物在通过膜时，通过在膜两侧施加（或存在）一种或多种推动力，使原料中的某组分选择性地优先透过膜，从而达到混合物的分离，并实现产物的提取、浓缩、纯化等目的的一种新型分离过程。根据孔径大小可以分为微滤（MF）膜、超滤（UF）膜、纳滤（NF）膜、反渗透（RO）膜等。

超滤（UF）是介于微滤和纳滤之间的一种膜过程，通常截留相对分子质量为 1000～300000，故超滤膜能对大分子有机物（如蛋白质、细菌）、胶体、悬浮固体等进行分离。

纳滤（NF）是介于超滤与反渗透之间的一种膜分离技术，其截留相对分子质量为 80～1000，孔径为几纳米，因此称纳滤。故纳滤膜能对小分子有机物等与水、无机盐进行分离，实现脱盐与浓缩的同时进行。

反渗透（RO）是利用反渗透膜只能透过溶剂（通常是水）而截留离子物质或小分子物质的选择透过性，以膜两侧静压为推动力实现的对液体混合物分离的膜过程。反渗透的截留对象是所有的离子。反渗透法能够去除可溶性的金属盐、有机物、细菌、胶体粒子、发热物质，即能截留所有的离子。

电导率的测量原理是将相互平行且距离是固定值 L 的两块极板（或圆柱电极），放到被测溶液中，在极板的两端加上一定的电势（为了避免溶液电解，通常为正弦波电压，频率为

$1 \sim 3$ kHz)。然后通过电导仪测量极板间电导。通常，在一定 pH 下，水溶液的电导率反映了水中含盐量的多少，是水的纯净程度的一个重要指标。水越纯净，电阻越大，电导度越小，超纯水几乎不能导电。

三、实验装置、仪器和药品

本实验所需仪器有电导仪、电子天平等，实验装置包括原水箱、循环泵、纳滤膜组件、超滤膜组件、反渗透膜组件和纯水箱，如图 21 − 1 所示；试验药品可用 NaCl 或 Na_2SO_4 等以及保护膜所用 $NaHSO_3$。

图 21 − 1　实验装置图

四、实验内容

（1）测量电导率 k 与盐浓度 c 的关系，并绘制 $k \sim c$ 关系曲线。

（2）考察超滤、超滤 − 纳滤、超滤 − 纳滤 − 反渗透 3 种方法处理自来水的效果。

（3）配制一定浓度 NaCl 或 Na_2SO_4 水溶液（$10 \sim 30$ mg/L 内任意选取一个浓度），比较 3 种膜处理方法对盐的截留效果。

五、实验操作与注意事项

（1）分别配制 0.5，1，2，5，10，15，20，25 和 30 mg/L 的 NaCl 或 Na_2SO_4 水溶液，在一定温度下测量电导率，绘制该温度下 NaCl 水溶液浓度与电导率的关系曲线。

（2）试验开始前，认真观察各流程（UF、UF－NF、UF－NF－RO）对应的管路与阀门开闭情况，掌握开启不同处理流程时阀门的开闭状态。先进行自来水试验，检查水箱是否备有水。开机前检查电源，打开开关开机进入操作界面（图 21－2），点击进入系统，进入总操作界面（图 21－3）。除阀门手动操作外，流程选取在界面操作。自来水试验完毕后再进行组合膜处理盐溶液的试验。

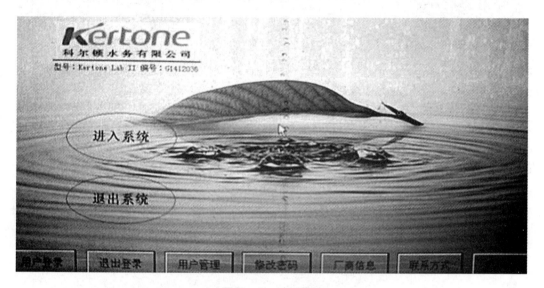

图 21－2　开机界面

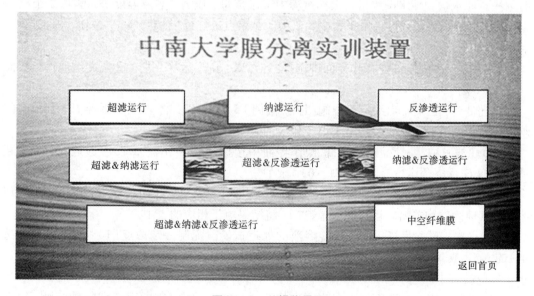

图 21－3　总操作界面

（1）超滤，在总操作界面中选择超滤运行，进入超滤运行界面（图 21－4）。

在启动设备前，检查阀门，开阀门 F5、F8，将 F15 半开，其他阀门均关闭。然后点击

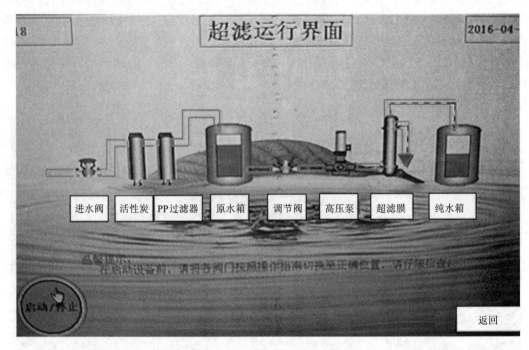

图21-4　超滤运行界面(未开启)

绿色"启动/停止"按钮,运行过程中"启动/停止"按钮为红色,设备开始运行,运行过程中时刻注意原水槽和纯水槽水量。操作过程中记录流量、压力、溶液温度等,测量2个槽中电导率并记录,将记录结果填于表21-2中。结束点击红色"启动/停止"按钮,停止运行。点击"返回",返回到总操作界面。

(2)超滤-纳滤,在总操作界面中选择"超滤&纳滤"运行,进入超滤&纳滤运行界面(图21-5)。

与超滤运行一样,启动前检查阀门,开阀门F5、F9、F7,将F14、F15半开,其他阀门均关闭。运行并记录数据,将结果填于相应的表中。

(3)超滤-纳滤-反渗透,在总操作界面中选择超滤&纳滤&反渗透运行,进入超滤&纳滤&反渗透运行界面(图21-6)。

与前2组实验运行一样,启动前检查阀门,开阀门F5、F9、F10、F6,将F13、F14、F15半开,其他阀门均关闭。运行并记录数据,将结果填于相应的表中。

(4)自来水试验完毕后,进行盐溶液的处理试验。配制一定浓度(10~30 mg/L内选取)的NaCl或Na_2SO_4水溶液,进行UF-NF和UF-NF-RO 2种处理方式,将试验结果记录于相应的表中。

(5)试验结束若长期不用需在膜管内注满质量浓度约为1%的亚硫酸氢钠溶液,以保护膜。

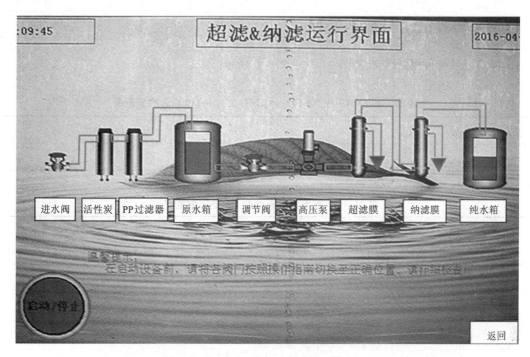

图 21 – 5　超滤 & 纳滤运行界面 (已开启)

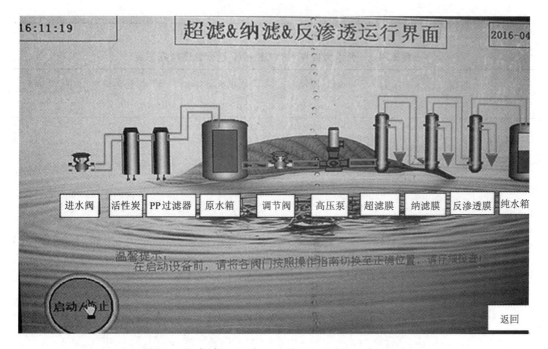

图 21 – 6　超滤 & 纳滤 & 反渗透运行界面 (未开启)

六、实验记录与数据处理

实验记录与数据处理如表 21 – 1 ~ 表 21 – 6 所示。

表 21 – 1　NaCl 或 Na₂SO₄ 水溶液(二选一)电导率数据记录

质量浓度/(mg · L⁻¹)	
电导率/(μS · cm⁻¹)	

表 21 – 2　原水为自来水的 UF 处理数据记录

序号	温度/℃	压力/MPa	流量/(L · h⁻¹)	原水电导率/(μS · cm⁻¹)	产水电导率/(μS · cm⁻¹)	截留率 R/%
1						
2						
3						
4						
5						
…						

表 21 – 3　原水为自来水的 UF – NF 组合处理数据记录

序号	温度/℃	压力/MPa	流量/(L · h⁻¹)	原水电导率/(μS · cm⁻¹)	产水电导率/(μS · cm⁻¹)	截留率 R/%
1						
2						
3						
4						
5						
6						
7						
8						
…						

表 21 - 4　原水为自来水的 UF - NF - RO 组合处理数据记录

序号	温度 /℃	压力 /MPa	流量 /(L·h⁻¹)	原水电导率 /(μS·cm⁻¹)	产水电导率 /(μS·cm⁻¹)	截留率 R /%
1						
2						
3						
4						
5						
6						
7						
8						
…						

表 21 - 5　NaCl 或 Na₂SO₄ 水溶液的 UF - NF 组合处理数据记录

序号	温度 /℃	压力 /MPa	流量 /(L·h⁻¹)	原溶液电导率 /(μS·cm⁻¹)	透过液电导率 /(μS·cm⁻¹)	截留率 R /%
1						
2						
3						
4						
5						
6						
7						
8						
…						

表 21 –6　NaCl 或 Na$_2$SO$_4$ 水溶液的 UF – NF – RO 组合处理数据记录

序号	温度 /℃	压力 /MPa	流量 /(L·h^{-1})	原溶液电导率 /(μS·cm^{-1})	透过液电导率 /(μS·cm^{-1})	截留率 R /%
1						
2						
3						
4						
5						
6						
7						
8						
...						

七、思考题

(1)如果前级 UF 对盐没有截留效果,在水处理中为什么仍然采用 UF,而不直接采用 NF 或 NF – RO?

(2)怎样减小膜污染和浓差极化?

(3)试验完毕若长期不用膜,怎样保护好膜?

（五）　离子交换

实验 22

离子交换法处理含镍废水

一、实验目的

（1）了解离子交换法去除废水中金属离子的原理；

（2）掌握离子交换柱的基本结构与操作方法；

（3）掌握离子交换法处理含镍废水工艺及 Ni^{2+} 浓度测定方法。

二、实验原理

离子交换法借助固体离子交换剂中的离子与稀溶液中的离子进行交换，以达到提取或去除溶液中某些离子的目的，是一种属于传质分离过程的单元操作。离子交换柱是用来进行离子交换反应的柱状压力容器，是管柱法离子交换的交换设备（图 22 - 1）。在含镍废水处理工艺中，废水从柱的一端通入，与柱内呈密实状态的固定离子交换树脂层充分接触，进行离子交换。当离子交换树脂接近"饱和状态"时，离子交换柱出口溶液的 Ni^{2+} 浓度逐渐上升，最后达到入口废水的 Ni^{2+} 浓度，即吸附达到完全饱和，柱交换被切断。

吸附过程中离子交换柱出口溶液的 Ni^{2+} 浓度变化曲线称为穿透曲线（图 22 - 2）。其中，把 Ni^{2+} 浓度开始上升的点称为穿透点，达到穿透点所用的操作时间称为穿透时间。由于穿透点难以准确测定，故一般习惯上将出口浓度达到入口浓度的 5% ~ 10% 的时间称为穿透时间。当吸附操作达到饱和点时，停止吸附操作，转入吸附质洗脱和吸附剂再生操作。

图 22 –1　离子交换法处理含镍废水装置

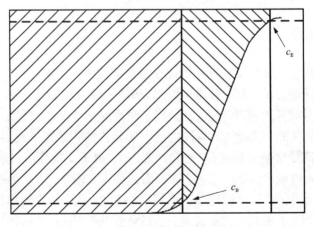

图 22 – 2　穿透曲线示意图

设废水的 Ni^{2+} 初始浓度为 c_0，达到穿透点时的浓度为 c_B，达到饱和点时的浓度为 c_E，相应的溶液体积分别为 V_B 和 V_E，相应的时间分别为 t_B 和 t_E。取 $c_B = 0.05c_0$，$c_E = 0.95c_0$，树脂的穿透吸附量 Q_B 和饱和吸附量 Q_E 分别根据下式采用图解积分法求出：

$$Q_B = \int_0^{V_B} (c_0 - c)\,\mathrm{d}V$$

$$Q_E = \int_0^{V_E} (c_0 - c)\,\mathrm{d}V$$

吸附带的移动速度 v_a 和吸附带的宽度 Z_a 采用下式求出：

$$v_a = \frac{u_0 c_0}{\rho_b M q_0}$$

$$Z_a = V_a(t_E - t_B)$$

式中：v_a 为吸附带的移动速度，cm/min；Z_a 为吸附带的宽度，cm；u_0 为溶液空塔流速，cm/min；ρ_b 为树脂装填密度，g/mL；M 为被吸附离子的摩尔质量，g/mol；Q_0 为平衡浓度为 c_0 时树脂的静态吸附容量，采用 Langmuir 吸附等温式计算得到，mmol/g。

注：u_0 为流量计读数；ρ_b 为 1.0333 g/mL；Q_0 通过表 22-1 数据拟合得到。表 22-1 中 c_E 和 Q 分别为静态吸附时的平衡浓度和平衡吸附容量，分别对应动态吸附的初始浓度 c_0 和动态平衡吸附容量 Q_0。

表 22-1　Ni^{2+} 平衡浓度与吸附量的关系

$c_E/(\mathrm{mg \cdot L^{-1}})$	294.1	798.3	1745.7	2729.9	3711.5	4701
$Q/(\mathrm{mg \cdot g^{-1}})$	70.59	120.17	125.43	127.01	128.85	129.9

三、实验仪器及试剂

1. 实验仪器

（1）离子交换实验装置：配有机玻璃交换柱、耐酸碱计量泵、水箱、再生液投配罐、电路控制系统、不锈钢框架、控制屏。

（2）UV-1750 紫外可见分光光度计：配 1 cm 比色皿。

（3）其他：100 mL 容量瓶、500 mL 容量瓶、1000 mL 容量瓶、25 mL 比色管、250 mL 烧杯、250 mL 量筒、玻璃棒、移液管等。

2. 实验试剂

镍标准工作液（20.0 mg/L）、碘单质、碘化钾、丁二酮肟、柠檬酸铵、乙二胺四乙酸二钠（Na₂-EDTA）、氨水（$\rho = 0.81$ g/mL，优级纯）和硫酸（$\rho = 1.98$ g/mL，优级纯）。

四、实验步骤

(1)打开实验装置电源开关;

(2)将含镍模拟废水以匀速(建议 20 L/h)形式流经离子交换树脂,并连续收集离子交换柱出口溶液,每 150 mL 流出液作为一个待测水样,树脂全部变为绿色则停止取样,关闭实验装置电源开关;

(3)将分光光度计预热 20 min,期间按下述镍离子浓度测定方法添加试剂,并依次测定各水样于 530 nm 处的吸光度;

(4)同上,按下述镍离子浓度测定方法绘制镍离子浓度标准曲线;

(5)根据镍离子浓度标准曲线求算各水样的 Ni^{2+} 的含量,并根据其浓度和流出体积绘制穿透曲线;

(6)向实验装置的再生液投配罐中添加 1 mol/L 硫酸溶液,对树脂进行再生处理,以供再次使用。

五、分光光度法测定水中镍离子浓度

(1)测定原理:在氨性溶液中,有氧化剂碘存在时,Ni^{2+} 与丁二酮肟作用形成酒红色可溶性络合物,于 530 nm 处有最大吸收波长。加入 2 mL 50% 柠檬酸铵去除铬、铝等离子干扰,加入 Na_2 – EDTA 溶液 2 mL 消除铁、铜、锰等离子干扰。本方法的检测范围为 0.25 ~ 10 mg/L。

(2)测定方法:取 1 mL 水样置于 25 mL 具塞比色管中,用去离子水稀释至 10 mL 刻度线处。依次加入 2.0 mL 50% 柠檬酸铵、1.0 mL 0.05 mol/L 碘溶液,加水至 20 mL,摇匀。再加 2.0 mL 0.5% 丁二酮肟溶液摇匀,最后加 2.0 mL 5% Na_2 – EDTA 溶液,加水至 25 mL 刻度,摇匀。放置 5 min 后,用 1 cm 比色皿,以水作参比,于 530 nm 波长处测量吸光度,通过标准曲线计算出水样中 Ni^{2+} 浓度。

(3)镍离子浓度标准曲线的绘制:在一组 25 mL 具塞比色管中,分别加入镍标准使用液 0、1.00、2.00、3.00、4.00 与 5.00 mL,并用去离子水稀释至 10 mL 刻度线处。分别向每支比色管中加 2.0 mL 50% 柠檬酸铵、1.0 mL 0.05 mol/L 碘溶液,加水至 20 mL,摇匀。加 2.0 mL 0.5% 丁二酮肟溶液,摇匀。加 2.0 mL 5% Na_2 – EDTA 溶液,加水至 25 mL 刻度,摇匀。放置 5 min 后,用 1 cm 比色皿,以水作参比,于 530 nm 波长处测量吸光度,并作空白校正,绘制标准曲线。

六、实验记录与数据处理

1. 数据记录

数据记录如表 22 – 2 和表 22 – 3 所示。

表 22 – 2 吸附数据记录表

序号	体积 /mL	[Ni²⁺]测定结果		序号	体积 /mL	[Ni²⁺]测定结果	
		吸光度	浓度/(mg·L⁻¹)			吸光度	浓度/(mg·L⁻¹)
1				16			
2				17			
3				18			
4				19			
5				20			
6				21			
7				22			
8				23			
9				24			
10				25			
11				26			
12				27			
13				28			
14				29			
15				30			

表 22 – 3 数据记录表

初始浓度 c_0 /(g·L⁻¹)	树脂装填密度 ρ_b /(g·mL⁻¹)	吸附柱直径 D /mm	进料体积流量 Q /(L·h⁻¹)	温度 θ /℃	吸附柱高度 H /m
	1.03333	30			

2. 数据处理

(1)绘制镍离子浓度标准曲线图;

(2)绘制离子交换柱吸附 Ni²⁺ 的穿透曲线;

(3)计算离子交换柱吸附 Ni²⁺ 的关键参数:树脂穿透吸附量 Q_B 和饱和吸附量 Q_E、吸

附带的移动速度 v_a 和吸附带的宽度 Z_a。

七、思考题

（1）吸附操作是分离和纯化液体混合物的重要单元操作之一，评价吸附分离的主要指标有哪些？

（2）吸附剂的平衡吸附量和吸附选择性对吸附操作有决定性的影响，如何选择合适的吸附剂？

三、虚拟仿真专业综合实验

实验 23

氰化浸金虚拟仿真实验

一、实验目的

(1)了解氰化浸金的实验原理,学习采用虚拟仿真软件进行氰化浸金实验;

(2)考察焙烧温度、焙烧时间、空气流量等工艺参数对实验结果的影响,确定优化的实验工艺参数;

(3)掌握矿冶工程化学中的焙烧、浸出、置换沉淀、分离等典型化工单元操作,熟悉它们的功能与特点。

二、实验软件与设备

1. 实验软件

氰化浸金实验虚拟仿真系统,计算机软件著作权受理登记流水号:2017R11 L443966,著作权人:中南大学。

软件中的虚拟实验材料包括金精矿(含硫含砷)、氧化钙、氰化钠、锌粉、盐酸等。虚拟实验仪器包括 FA2004 电子天平、OTF - 1200X - S 管式煅烧炉、抽滤装置 1 套(SHB - Ⅲ A 型号的循环水式多用真空泵 1 台、布氏漏斗 1 个、抽滤瓶 1 个、滤纸 1 盒)、OTF - 1200X 型管式煅烧炉及其附属系列仪器(管式炉 1 台、瓷舟 1 个、管式炉塞子 1 个、气体出口法兰 1 个、洗气瓶 2 个、铁丝 1 根、气体瓶 1 个)、JJ - 1 精密增力电动搅拌器等。

2. 实验平台与运行环境

本实验可在普通计算机上运行,也可在 G - Matrix 多人协同虚拟现实系统上运行。

(1)计算机最低配制:Intel 酷睿 i3 四核 CPU, 4 GB 内存, 250 GB 硬盘, 独立显卡 512 MB 显存, 17 英寸液晶显示器。

(2)G - Matrix 多人协同虚拟现实系统:该系统是由中南大学与上海曼恒数字技术股份

有限公司合作开发的虚拟仿真实验项目运行管理平台，平台包括计算机图形工作站、大屏 3D LED 显示系统、G – Motion 位置追踪系统等硬件和虚拟设计协同工作软件、G – Motion 位置追踪系统管理软件等软件。

①计算机图形工作站：HP Z840，英特尔®C612 芯片组，英特尔至强 E5 – 2620v3 2.4 1866 6C CPU，NVIDIA Quadro K2200 4 GB 显卡，300 GB * SAS 15K rpm 6 GB/s 3.5 英寸硬盘。

②大屏 3D LED 显示系统：小间距 LED 屏 G – MD V2.5，19.890 m^2。

③G – Motion 位置追踪系统：G – Motion 摄像头 8 个，G – Motion 工作站 1 台，手炳 &Mark 点 1 套。

三、实验原理

1. 氰化浸金原理

氰化浸金法具有回收率高、选择性好、药剂消耗低、工艺简单、易于操作以及对矿石适应性强等优点，被广泛应用于黄金冶炼工业。由于氰化物属于剧毒化学品，其使用受到严格的管制，无法面向本科生开放实验室实验。本实验以氰化物与金的配位原理为基础，对氰化浸金过程进行虚拟仿真，从氰化浸金的原理、流程、影响因素等方面了解浸金的生产过程，使学生能够全面掌握氰化浸金的原理与生产技术。

1）焙烧实验

本实验针对新疆某高砷高硫难浸金精矿进行处理，无法直接进行浸出，因此需对金精矿进行焙烧预处理，脱除金精矿中的硫和砷，以降低硫和砷对浸出过程的影响，减少环境污染。

焙烧过程的化学反应如下：

$$FeS_2 + O_2 \longrightarrow FeS + SO_2$$
$$3FeS_2 + 8O_2 \longrightarrow Fe_3S_4 + 6SO_2$$
$$4FeS_2 + 11O_2 \longrightarrow 2Fe_2S_3 + 8SO_2$$
$$3FeS_2 + 5O_2 \longrightarrow Fe_3S_4 + 3SO_2$$
$$4Fe_3S_4 + O_2 \longrightarrow 6Fe_2S_3$$
$$12FeAsS + 29O_2 \longrightarrow 6As_2O_3 + 4Fe_3S_4 + 12SO_2$$
$$2FeAsS + 5O_2 \longrightarrow As_2O_3 + Fe_2S_3 + 2SO_2$$
$$FeAsS + 3O_2 \longrightarrow FeAsO_4 + 5O_2$$
$$4As + 3O_2 \longrightarrow 2As_2O_3$$
$$As_2O_3 + O_2 \longrightarrow As_2O_5$$
$$3FeO + As_2O_5 \longrightarrow Fe_3(AsO_4)_2$$

为降低焙烧过程中的污染，提高焙烧效果，本实验过程中可添加石灰等添加剂。

加入石灰后发生的主要反应为：

$$2CaO + 2SO_2 + O_2 \longrightarrow 2CaSO_4$$

$$3CaO + As_2O_3 + O_2 \longrightarrow Ca_3(AsO_4)_2$$
$$3CaO + As_2O_5 \longrightarrow Ca_3(AsO_4)_2$$

2）浸出实验

氰化浸出的原理是利用氰化物与矿石中的金发生络合反应，将金转化为络合物而进入溶液。一般认为，浸出过程中，溶液中的溶解氧等氧化物参与了反应。

氰化浸出过程发生的反应如下：

$$2Au + 4NaCN + O_2 + 2H_2O = 2NaAu(CN)_2 + 2NaOH + H_2O_2$$
$$2Au + 4NaCN + H_2O_2 = 2NaAu(CN)_2 + 2NaOH$$

3）置换沉淀实验

$$Zn + 2[Au(CN)_2]^- = [Zn(CN)_4]^{2-} + 2Au$$

2. 虚拟仿真实验原理

1）软件的界面和功能结构

本实验软件是由中南大学自主研究开发的虚拟仿真软件。该软件采用 Unity 3D、3Ds MAX 及 G - Matrix 多人协同虚拟现实系统，根据实验室研究实验研究成果开发完成。

氰化浸金仿真系统包含了实验原理、实验要求、实验内容、实验操作、实验条件 5 个部分。其中实验操作主要包含称量、焙烧、浸出、抽滤 4 个主要流程。实验结束后，可以根据焙烧条件和浸出条件的不同完成不同的条件实验，从而得出焙烧温度、焙烧时间、空气流量等工艺参数对焙烧脱硫率及脱砷率的影响，pH、浸出温度、固液比、粒度、氰化钠用量及其搅拌时间对浸出率的影响。

软件主菜单界面如图 23 - 1 所示，虚拟仿真实验界面如图 23 - 2 所示。

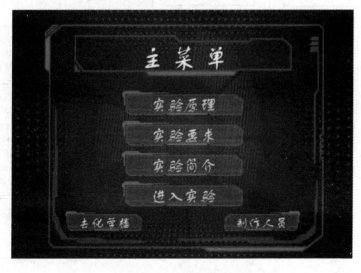

图 23 - 1　主菜单界面

图 23 - 2　实验界面

虚拟仿真实验软件的功能结构如图 23 - 3 所示。

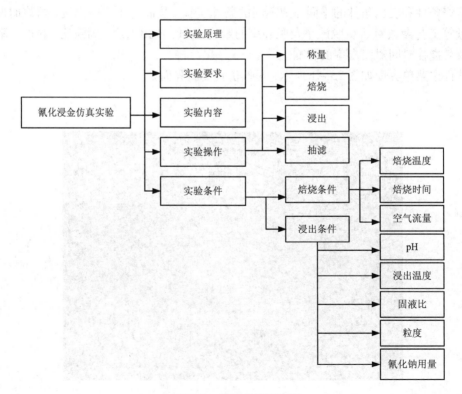

图 23 - 3　软件功能结构图

2）虚拟仿真实验功能

用户可以通过该仿真实验学习氰化浸金的实验原理和操作及工艺参数对结果的影响，包含焙烧温度、焙烧时间、空气流量等工艺参数对焙烧脱硫率及脱砷率的影响，pH、浸出温度、固液比、粒度、氰化钠用量及其搅拌时间对浸出率的影响。

对于整个采用氧化焙烧法作为预处理的氰化浸金实验中，焙烧一段温度、焙烧一段时间、浸出时间等 10 个因素都将对金的浸出率产生不同程度的影响。按基本实验流程做完本次实验后可以在数据查看界面自由拟合每个因素对浸出率的影响，同时也可以选择更换其中的某个变量再做一遍从而研究对应的影响结果并巩固实验流程。

四、实验要求

（1）通过该实验的学习，用户可了解氰化浸金实验原理、过程、结果和参数。

（2）考察氰化浸金中的焙烧温度、焙烧时间、空气流量等工艺参数对焙烧脱硫率及脱砷率的影响，pH、浸出温度、固液比、粒度、氰化钠用量及其搅拌时间对浸出率的影响。

（3）对实验数据进行处理与分析，撰写实验报告。

五、实验步骤

实验中所有试剂的加入量、参数设定值等均需在数据查看界面查看相应的变量范围。

1. 称量试剂

去称量区称量 14～20 g 金精矿。

注：称量完成将开启焙烧区仪器组装的操作权限。

附录：称量步骤说明。

（1）选择想要称量的试剂，将其取出；

（2）点击称量天平（开机/关机）按钮，打开天平示数面板；

（3）打开天平侧门；

（4）加入称量纸；

（5）点击称量天平（去皮/置零）按钮，去皮；

（6）点击药勺挖取药品；

（7）在弹出的称量面板上面滑动 3 个滑动条确定加入的量（后台自动换算成质量并且可以增加或减少）；

（8）达到想要的质量后结束称量即可；

注：若实际质量与显示质量相等，该试剂将自动收入背包，每个试剂背包中只会储存最新的一份。

（9）整理好试剂、天平。

2. 焙烧

1）仪器组装

（1）在瓷舟中加入金精矿。

注：此时会清除实验记录内所有数据并记录金精矿质量，同时后续工段操作将一并开启。

（2）选择性加入 CaO（0~1 kg CaO/1 t 金精矿）。

（3）选择性盖上外壳。

（4）打开管式炉上部分开关。

（5）将瓷舟送至管式炉焙烧管中间。

（6）加上塞子。

（7）接上气体出口阀对应法兰。

（8）看洗气瓶的接法和里面的水（洗液）是否符合要求，否则加入或倒出水（洗液）。

（9）将洗气瓶前端软管接到气体出口阀对应法兰上。

注：此时即可完成仪器组装部分，将开启焙烧区数据调节部分的操作权限并暂时关闭焙烧区仪器组装的操作权限。

2）焙烧参数设置与运行

（1）打开气体出口阀与入口阀开关（至少 30%）。

（2）打开总阀开关（尽量开大些）。

（3）调节流量计阀门开度，控制流量计读数在焙烧一段流量范围内。

注：这 4 个阀门的开度对应的流量计和压力表示数变化规则见相应名称的属性说明。

（4）打开电源开关设定焙烧程序。

注：焙烧程序若设计不符合要求将提示重新设定，注意跟着对应的设计说明书设定。

（5）打开加热开关加热。

注：此时将执行焙烧程序，当升温至第一阶段恒温时将记录当前流量（焙烧一阶段流量）、当前温度（焙烧一阶段温度）和恒温时间（焙烧一阶段时间）；当升温程序运行结束时将记录当前流量（焙烧二阶段流量）、焙烧第二阶段恒温时的温度（焙烧二阶段温度）和恒温时间（焙烧二阶段时间）。因此大家记得在焙烧程序运行结束前将流量计示数调节到焙烧二阶段流量（整个焙烧程序的执行可能会花费几分钟，主要用于调节焙烧二段流量和中途稍作休息）。

（6）待升温程序运行结束，关闭阀门、加热开关和电源开关。

注：此时即可完成焙烧区数据调节部分的操作，将开启仪器组装部分的操作权限并暂时关闭数据调节部分的操作权限。

3）取样
将前面组装好的小部件依次按物理顺序拆卸直至瓷舟归位，然后取出焙砂。

3. 浸出

1）研磨

（1）在研钵中加入焙砂。

（2）设定研磨粒度。

（3）研磨。

（4）研磨完后取出焙砂。

注：此时将更新焙砂数据；若不研磨则焙砂粒度默认为粒度范围内最粗值，即 −150 目。

2）调节 pH

（1）在烧杯中加入焙砂。

注：此时将会记录焙砂粒度。

（2）加入质量要求范围内的 NaCN。

注：此时将会记录 NaCN 质量。

（3）加入质量要求范围的蒸馏水。

注：此时将会记录蒸馏水质量。

（4）选择某个 pH 调节剂调节 pH 到指定范围。

注：溶液初始 pH 默认为 7.0；调节 pH 前可改变该 pH 调节剂的 pH；每次调节结束会更新溶液体积与 pH。

3）浸出

（1）提起搅拌柱。

（2）将烧杯移植水浴锅内。

注：此时将记录浸出液 pH。

（3）放下搅拌柱并打开搅拌开关开始搅拌。

（4）打开电源开关。

（5）在仪器面板上设定温度到温度要求范围内的值。

注：按"set"键设定，上、下、左、右调节，按"set"键确认。若设定温度，大于当前温度将逐步升温，反之降温。由于采用水浴加热，温度变化范围为 20 ~ 100 ℃；当温度设定过高或过低时，实际温度只能达到两个端点值。

（6）待温度变化稳定后，在电源开关操作栏输入要求范围内的搅拌浸出时间。

注：此时将开始浸出并记录浸出温度和浸出时间，待时间达到设定时间后方可开始执行下一步。浸出过程若浸出温度和浸出时间符合要求，烧杯中的金将开始浸出；浸出过程将持续约 1 min，此时将会出现一个微观原理查看界面用于查看烧杯内试剂的反应机理（过氧化氢论）。

（7）提起搅拌柱，取出烧杯，放下搅拌柱，关闭水浴锅电源，取出烧杯中的浸出液。

4. 抽滤

左旋抽滤按纽 90° 至抽滤区。

（1）加入滤纸。

（2）用蒸馏水淋洗。

（3）接上抽滤软管。

（4）打开抽滤机开关。

（5）往布氏漏斗中加入浸出液。

（6）多次用蒸馏水冲洗（此时依据个人情况可选择暂时拔掉软管并关闭电源）。

（7）拔掉软管并关闭电源。

（8）合理处理滤纸上试剂和抽滤瓶内溶液（放入左侧烧杯或舍弃）。

注：把滤纸上试剂清理，抽滤瓶内溶液转入烧杯。

（9）在左侧烧杯中加入适量锌粉置换。

注：锌粉质量是2个没有给定范围要求的参数之一，自行计算后选择合理的量即可；加入过多或过少可能会扣分哦，同时此时将记录锌粉质量。

（10）搅拌。

（11）将锌粉置换液收入背包。

（12）重复步骤（1）~（8）。

注：此时是往布氏漏斗中加入锌粉置换液，并且是将滤纸上混金粉加入烧杯，抽滤瓶内液体清理。

（13）量取适当质量的盐酸。

（14）在烧杯中加入盐酸洗涤过量锌粉。

注：盐酸体积是2个没有给定范围要求的参数之一，自行计算后选择合理的量即可；加入过多或过少可能会扣分哦，同时此时将记录盐酸体积。

（15）搅拌。

（16）将盐酸洗涤液收入背包。

（17）重复步骤（1）~（8）。

注：此时是往布氏漏斗中加入盐酸洗涤液，并且是将滤纸上金粉加入烧杯，抽滤瓶内液体清理。

（18）从烧杯中取出金粉收入背包。

注：此时所有数据已记录齐全，系统将根据实际数据算出最终金粉质量并打分，届时可考虑自行截图备用。

接下来可以在数据查看界面自由拟合每个因素对浸出率的影响，同时也可以选择更换其中的某个变量再做一遍从而研究对应的影响结果并巩固实验流程。

六、实验结果

对于整个采用氧化焙烧法作为预处理的氰化浸金实验中，焙烧一段温度、焙烧一段时间、浸出时间等10个因素都将对金的浸出率产生不同程度的影响。按基本实验流程做完本次实验后可以在数据查看界面自由拟合每个因素对浸出率的影响，同时也可以选择更换其中的个别变量再做一遍从而研究对应的影响结果并巩固实验流程。实验结果界面见表23-1，氰化浸金焙烧工艺条件的选择与确定见表23-1~表23-13。

表 23 – 1　氰化浸金数据表格

焙烧区	
精金矿质量/g	CaO 质量/g
一段温度/℃	二段温度/℃
一段时间/min	二段时间/min
一段流量/(L·min⁻¹)	二段流量/(L·min⁻¹)
浸出区	
粒度/μm	蒸馏水/mL
NaCN/g	浸出温度/℃
搅拌时间/h	浸出 pH
抽滤区	
锌粉质量/g	盐酸/mL
金粉质量/g	

表 23 – 2　焙烧一段温度对脱砷率的影响

通气量为 4 L/min, 焙烧时间 90 min。

序号	1	2	3	4	5
焙烧温度/℃					
脱砷率/%					

表 23 – 3　焙烧一段时间对脱砷率的影响

焙烧温度为 450 ℃, 通气量为 4 L/min。

序号	1	2	3	4	5
焙烧时间/min					
脱砷率/%					

表 23 – 4　焙烧一段空气流量对脱砷率的影响

焙烧温度为 450 ℃, 焙烧时间为 90 min。

序号	1	2	3	4	5
空气流量/(L·min⁻¹)					
脱砷率/%					

表 23 – 5　焙烧二段温度对脱硫率及金浸出率的影响

通气量为 4 L/min，焙烧时间 90 min。

序号	1	2	3	4	5
焙烧温度/℃					
脱硫率/%					
金浸出率/%					

表 23 – 6　焙烧二段时间对脱硫率及金浸出率的影响

焙烧温度为 450 ℃，通气量为 4 L/min。

序号	1	2	3	4	5
焙烧时间/min					
脱硫率/%					
金浸出率/%					

表 23 – 7　焙烧二段空气流量对脱硫率及金浸出率的影响

焙烧温度为 450 ℃，焙烧时间为 90 min。

序号	1	2	3	4	5
空气流量 /($L \cdot min^{-1}$)					
脱硫率/%					
金浸出率/%					

表 23 – 8　pH 对金浸出率的影响

序号	1	2	3	4	5
pH					
金浸出率/%					

表 23 – 9　浸出温度对金浸出率的影响

序号	1	2	3	4	5
浸出温度/℃					
金浸出率/%					

表 23 – 10　固液比对金浸出率的影响

序号	1	2	3	4	5
固液比					
金浸出率/%					

表 23 – 11　粒度对金浸出率的影响

序号	1	2	3	4	5
粒度/μm					
金浸出率/%					

表 23 – 12　氰化钠用量对金浸出率的影响

序号	1	2	3	4	5
氰化钠用量/g					
金浸出率/%					

表 23 – 13　搅拌时间对金浸出率的影响

序号	1	2	3	4	5
搅拌时间/min					
金浸出率/%					

七、数据处理与分析

焙烧一段温度对除砷率的影响分析
焙烧一段时间对除砷率的影响分析
焙烧一段空气流量对除砷率的影响分析
焙烧二段温度对除硫率及金浸出率的影响分析
焙烧二段时间对除硫率及金浸出率的影响分析
焙烧二段空气流量对除硫率及金浸出率的影响分析
pH 对金浸出率的影响分析
浸出温度对金浸出率的影响分析
固液比对金浸出率的影响分析
粒度对金浸出率的影响分析
氰化钠用量对金浸出率的影响分析
搅拌时间对金浸出率的影响分析

八、思考题

（1）金精矿为什么要进行焙烧？在什么情况下需要进行焙烧？

（2）影响氰化浸金的因素有哪些？

（3）氰化浸金虚拟仿真实验与实验室实验相比，有什么优点？

九、实验心得体会和建议

请简述实验的心得体会，提出意见和建议。

实验 24

火法炼铜虚拟仿真实验

一、实验目的

（1）通过虚拟现实技术模拟仿真铜冶炼生产情景，再现生产现场，了解火法炼铜中的生产原理、工艺流程、生产设备、工艺参数等。

（2）对每一个工艺过程结合仿真设备进行学习，促进学习和理解。学生则可以放心大胆地对设备进行全方位、近距离地观察，甚至能观察到设备内部情况。克服因安全因素和企业生产管理，学生无法近距离观察设备、操作设备和更改设备参数的难题，将理论和实际结合起来，融会贯通。

（3）对于高温、高压、高能耗的冶炼环境，探究原料配料、造粒、熔炼、吹炼、精炼等过程的主要工艺参数的影响因素，理解和掌握火法炼铜的工艺操作和参数设置，提高分析问题和解决问题的能力。

二、实验软件与设备

1. 实验软件

本实验软件是由中南大学自主研究开发的虚拟仿真软件（计算机软件著作权受理登记流水号：2017R11 L443833，著作权人：中南大学）。该软件采用 Unity 3D、3DsMax 及 G - Matrix 多人协同虚拟现实系统，根据实验室研究实验研究成果开发完成。

软件中的虚拟实验材料包括铜精矿、石英砂、燃煤、空气等。

2. 实验平台与运行环境

本实验可在普通计算机上运行，也可在 G - Matrix 多人协同虚拟现实系统上运行。

（1）计算机最低配制：Intel 酷睿 i5 四核 CPU，4 GB 内存，250 GB 硬盘，独立显卡 512 MB 显存，17 英寸液晶显示器。

（2）G - Matrix 多人协同虚拟现实系统（可选）：该系统是由中南大学与上海曼恒数字技术股份有限公司合作共建的虚拟仿真实验项目运行管理平台，平台包括计算机图形工作站、大屏 3D LED 显示系统、G - Motion 位置追踪系统等硬件和软件。

①计算机图形工作站：HP Z840，英特尔 ® C612 芯片组，英特尔至强 E5 - 2620v3 2.4 1866 6C CPU，NVIDIA Quadro K2200 4 GB 显卡，300 GB ＊ SAS 15K rpm 6 GB/s 3.5 英寸硬盘。

②大屏 3D LED 显示系统：小间距 LED 屏 G - MD V2.5，19.890 m²。

③G - Motion 位置追踪系统：G - Motion 摄像头 8 个，G - Motion 工作站 1 台，手炳 &Mark 点 1 套。

三、实验原理

火法炼铜相比湿法炼铜有着明显的优势，主要体现在原料适应性强，生产规模大，贵、稀有金属富集率高等方面。目前世界上铜产量的 85% ～90% 是采用火法炼铜工艺生产出来的。由于火法炼铜属于高温反应，并且工艺流程长，其工艺受到严格的管制，本科生实验与实习仅能看到工艺参数，无法实际操作，也无法了解参数改变对生产结果的影响。本实验以湖北大冶有色金属有限公司的火法炼铜工艺为模板，对火法炼铜的整个生产工艺过程进行虚拟仿真，从火法炼铜的原理、流程、设备、影响因素等方面了解炼铜的生产过程，使学生能够全面掌握火法炼铜的原理与生产技术。

火法炼铜一般包括以下四个步骤：①铜精矿的造锍熔炼；②铜锍吹炼成粗铜；③粗铜火法精炼；④阳极铜的电解精炼。经冶炼产出最终产品——电解铜。

火法炼铜技术的工艺流程如图 24 - 1 所示。

1）造锍熔炼

造锍熔炼是火法炼铜工艺中最为重要的工艺过程。熔炼的主要目的是把固体铜精矿中的硫化物转变为以下 3 种产物：熔融的冰铜、炉渣和烟气。铜的造锍熔炼炉料主要组分是铜精矿中铜和铁的硫化物、精矿中原有的或作为熔剂加入的 SiO_2 等氧化物，以及作为气体原料鼓入的氧化性气体（O_2 和空气）。其中，铜精矿中的铜形成含铜、硫、铁及贵金属等的铜锍，然后吹炼成粗铜；铜精矿中的脉石成分与熔剂形成含铜尽可能低的炉渣，直接废弃或者回收铜后废弃；熔炼排出的 SO_2 烟气用以制造硫酸或其他硫制品。在 1200 ～1300 ℃ 熔炼温度下，炉料中的铜、铁、硫、氧和 SiO_2 等组分及其他化合物之间发生一系列的物理化学反应，结果生成了冰铜、炉渣和含 SO_2 的烟气。造锍熔炼过程主要发生的物理化学变化为：水分蒸发、高价硫化物的分解、硫化物直接氧化、造锍反应和造渣反应。

主要反应式如下：

$$2FeS_2 + 2O_2 \longrightarrow 2FeS + SO_2$$
$$2CuFeS_2 + O_2 \longrightarrow 2FeS + Cu_2S + SO_2$$

氧化反应：

$$FeS + 3/2O_2 \longrightarrow FeO + SO_2$$
$$Cu_2S + 3/2O_2 \longrightarrow Cu_2O + SO_2$$

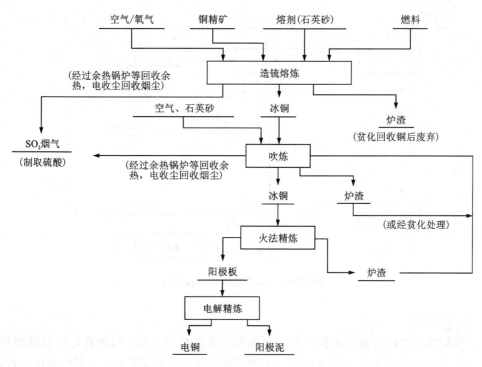

图 24-1　火法炼铜技术工艺流程图

造锍反应：

$$FeS + Cu_2O \longrightarrow Cu_2S + FeO$$

造渣反应：

$$2FeO + SiO_2 \longrightarrow 2FeO \cdot SiO_2 (铁橄榄石)$$

2）吹炼

熔炼炉通过造锍过程完成了铜与部分或绝大部分铁的分离，最后要除去冰铜中的铁和硫以及其他杂质，从而获得粗铜。因此，冰铜吹炼的目的是除去冰铜中的铁和硫及其他杂质，产出粗铜；与此同时将金、银及铂族元素等贵金属几乎全部富集于粗铜中，为方便、有效地回收提取这些金属创造了良好的条件。吹炼过程主要分为 2 个阶段，造渣期和造铜期。冰铜吹炼作业程序如图 24-2 所示。

吹炼过程中的硫化物氧化反应：

造渣期：

$$FeS + 3/2O_2 = FeO + SO_2$$
$$FeO + 1/2O_2 = Fe_3O_4$$
$$2FeO + SiO_2 = 2FeO \cdot SiO_2$$

造铜期：

$$Cu_2S + 3/2O_2 = Cu_2O + SO_2$$
$$Cu_2S + 2Cu_2O = 6Cu + SO_2$$

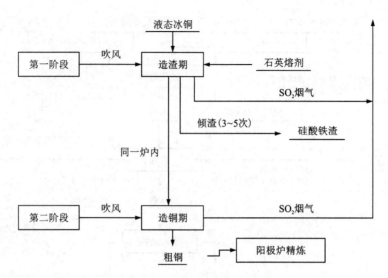

图 24 – 2　冰铜吹炼作业程序图

3）火法精炼

火法精炼的目的是除去粗铜中的有害杂质，并富集贵金属，以便在电解精炼时回收。其实质是使其中的杂质氧化成氧化物，并利用氧化物不溶于或极少溶于铜形成炉渣浮在熔池表面而被除去；或借助某些杂质在精炼作业温度下呈气态挥发除去。

当铜液与鼓入空气中的氧接触时，金属铜便首先按金属 Cu 氧化生成 Cu_2O，随即溶于铜液中，并被气体搅动向四周扩散，使其他杂质金属 Me 氧化造渣；铜液中被过多氧化的 Cu_2O 再被 C、H 元素还原，得到金属铜。

主要化学反应：

氧化反应

$$Cu_2O + Me === 2Cu + MeO$$

还原反应

$$Cu_2O + C === 2Cu + CO$$
$$Cu_2O + H_2 === 2Cu + H_2O$$
$$Cu_2O + CO === 2Cu + CO_2$$

4）电解精炼

电解过程是几乎所有的铜从矿石原料变成产品一般都需要经历的过程。电解精炼有以下 2 个步骤：

（1）不纯阳极铜经电化学作用溶解到 $CuSO_4 – H_2SO_4 – H_2O$ 电解液中。

（2）将纯铜电解到阴极上。

电解的主要目的为：

（1）生产出不含有害杂质的商品铜。

（2）将一些有价值的杂质，如金、银等从粗铜中分离出来，作为副产品。

电解精炼产出的阴极铜，含 Cu 成分为 99.99%，所含杂质低于 2×10^{-5} 且含氧量控制

在 $0.018\% \sim 0.025\%$。

电解精炼过程发生的主要化学变化如下：

（1）阳极铜在电解液中溶解，形成 Cu^{2+} 和电子：

$$CuO(阳极) \longrightarrow Cu^{2+} + 2e^-；E^0 = -0.34 \text{ V}$$

（2）步骤（1）中的反应产生的电子在外界电压作用下朝阴极运动。

（3）铜阳离子进行迁移，以扩散和对流方式为主

（4）在阴极表面，铜离子和电子再次反应生成铜。

$$Cu^{2+} + 2e^- \longrightarrow CuO \quad (阴极)；E^0 = +0.34 \text{ V}$$

电解炼铜的总反应式为：

$$Cu^0(不纯) \longrightarrow Cu^0(纯)$$

2. 虚拟仿真实验原理与功能

1）软件的界面和功能结构

本实验软件是由中南大学自主研究开发的火法炼铜虚拟仿真系统软件（计算机软件著作权登记号：2017R11 L443833，著作权人：中南大学）。该软件采用 Unity 3D、3DsMax 及 G – Matrix 多人协同虚拟现实系统，根据企业的实际生产工艺及相关科学研究成果开发完成。

火法炼铜虚拟仿真实验的总工艺流程如图 24 – 3 所示，软件功能结构图 24 – 4 所示。火法炼铜主要包含熔炼、吹炼、火法精炼及电解精炼这 4 部分。实验项目主要包含实验目的、实验原理、实验操作、实验结果和分析与讨论。

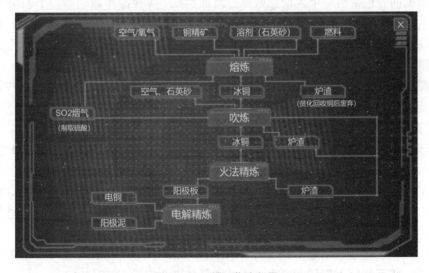

图 24 – 3　总工艺流程图

该仿真系统主要包括以下 3 个模块：模型、数据和交互。

（1）模型部分包括工厂和设备的物理模型以及驱动物理模型实现仿真效果的数学模

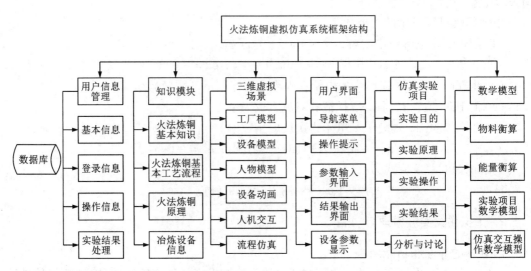

图 24 – 4　软件功能结构图

型。其中物理模型有工厂、设备、人物的三维模型等,这些是三维虚拟仿真系统的基础,没有物理模型,仿真系统就无法开发下去。物理模型可以通过三维建模软件 3DsMax 以及 Rhino 来构建。数学模型是实现仿真系统数据真实可靠、三维模型仿真效果真实的保证,主要包括火法炼铜工艺的物料衡算和能量衡算模型,仿真实验项目的数学模型以及一些仿真交互操作的数学模型。

(2)数据部分包括用户个人信息数据、设备参数、实验操作数据等。个人信息数据涉及用户账号和密码、用户登录状态、用户操作设备情况、实验结果数据等,设备参数主要是设备的基本信息和基本技术参数,实验操作数据则是用户进行实验项目所产生的实验数据。数据部分主要用 SQLite 数据库进行统一管理。

(3)交互部分是火法炼铜虚拟仿真系统比较重要的一个部分。主要包括用户界面、场景漫游、设备操作、工艺流程仿真、仿真实验项目等。

2)仿真交互路线与功能

仿真交互部分从用户信息管理、原理交互、场景漫游、工艺流程操作仿真 4 个部分设计。用户信息管理部分包括用户个人信息管理、用户登录管理、登录时间记录、操作结果记录等。原理交互部分包括火法炼铜工艺的总原理、关键设备的介绍和三维模型展示。场景漫游和工艺流程操作部分分别包括原料厂、熔炼厂、精炼厂和电解厂 4 个不同车间的相关内容。仿真交互路线如图 24 – 5 所示。

此外,我们引进了数字曼恒的 IdeaVR 设计系统,正在开发多人协同火法炼铜虚拟仿真实验系统,该系统将可以同时多人在系统中单独进行实验(图 24 – 6)。

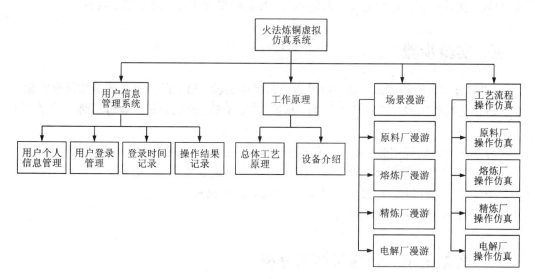

图 24 - 5 仿真交互路线

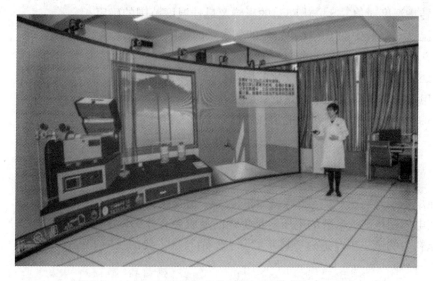

图 24 - 6 G - Matrix 多人协同虚拟现实系统实验场景

四、实验要求

（1）学生在实验前应预习实验，了解火法炼铜生产实验原理、过程和工艺参数。

（2）实验过程中，应完成工艺操作实验和工艺参数研究实验，完成程序设定的配料、熔炼、精炼、电解等操作步骤，考察火法炼铜中的配料对生产成本的影响，熔炼温度、熔炼时间、空气流量等工艺参数对熔炼铜品质与产量的影响，对实验数据进行处理与分析。

（3）实验结束后，要求学生撰写实验报告。实验报告包括实验目的、实验软件与设备、实验原理、实验步骤、实验记录与数据处理、实验结果与讨论、思考题等内容。

五、实验步骤

本实验分 2 个阶段完成，第一阶段为工艺操作实验，第二阶段为工艺参数研究实验。

（1）工艺操作实验：按照操作说明，依次完成熔炼、火法精炼、电解精炼等实验操作步骤。

（2）工艺参数研究实验：根据操作说明，在允许的工艺参数范围内，输入吹炼、电解精炼等工序的实验工艺参数，考察焙烧温度、电解液酸度、槽电压、电流效率等因素对火法精炼及电解精炼的影响，记录实验结果，并对结果进行分析。

详细实验步骤参见实验操作手册。

六、数据记录、处理与结果分析

根据实验数据，填写数据记录表，利用软件的数据分析功能，对实验工艺参数对工艺参数的影响进行分析。

（1）转炉温度对 $[Cu_2S]$ 与 $[FeS]$ 的影响及最佳温度范围的确定；

（2）温度对铜液中的 Cu_2O 和相应的氧含量的影响；

（3）SO_2 脱除时间与温度的关系；

（4）还原时间对铜液中氧硫变化的影响；

（5）电解液酸度对铜离子含量的影响；

（6）槽电压与电流效率对电能消耗的影响。

七、思考题

1. 在熔炼铜时有哪些因素会影响铜的收率，请查阅相关资料总结。

2. 在电解精炼时，电解的电压对精炼铜的品质会有什么影响？

3. 原料中的硫主要是通过哪些步骤除去？请写出主要的反应方程式。

实验 25

原子吸收分光光度法虚拟仿真实验

一、实验目的

(1)通过虚拟仿真技术学习原子吸收分光光度分析方法;

(2)加深理解火焰原子吸收光谱法的原理和仪器的构造;

(3)掌握火焰原子吸收光谱仪的基本操作技术;

(4)掌握标准曲线法测定元素含量的分析技术。

二、实验原理

1. 原子吸收光度计的工作原理

根据图 25 - 1 所示,系统学习仪器的总体工作原理和各个组成部分的工作原理。

原子吸收分光光度计由光源、原子化器、单色器、检测器等 4 部分组成,各部分功能如下。

1)光源

作用:提供待测元素的特征谱线——共振线,获得较高的灵敏度和准确度。

常用的光源是空心阴极灯。

2)原子化器

(1)雾化器:作用是将试样溶液分散为极微细的雾滴。对雾化器的要求:①喷雾要稳定;②雾滴要细而均匀;③雾化效率要高;④有好的适应性。其性能好坏对测定精密度、灵敏度和化学干扰等都有较大影响。

(2)燃烧器:试液雾化后进入预混和室(雾化室),与燃气在室内充分混合。

(3)火焰:原子吸收所使用的火焰,只要其温度能使待测元素离解成自由的基态原子就可以了。

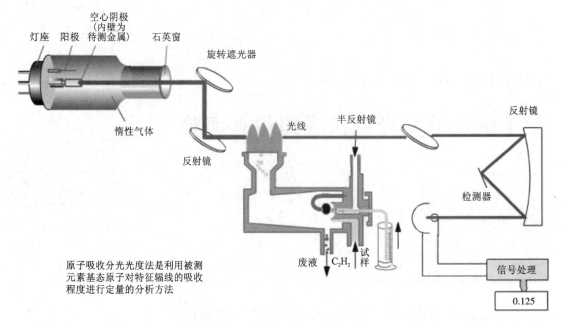

原子吸收分光光度法是利用被测元素基态原子对特征辐线的吸收程度进行定量的分析方法

图 25 – 1　仪器总体工作原理图

3）单色器

在原子吸收分光光度计中，单色器又称分光系统，此处单色器的作用是将待测元素的共振线与邻近的谱线分开。

4）检测器

光电倍增管：作用是将单色器分出的光信号进行光电转换。

2. 原子吸收分光光度法实验原理

待测元素在火焰原子化器中被加热原子化，成为基态原子化蒸气，对空心阴极灯发射的待测元素相同的特征辐射进行选择性吸收。在一定浓度范围内，其吸收强度与试液中被测元素的含量成正比。其定量关系可用郎伯 – 比耳定律表示，即

$$A = -\lg(I/I_0) = -\lg T = KcL$$

式中：I 为透射光强度；I_0 为发射光强度；T 为透射比；L 为光通过原子化器光程（长度），每台仪器的 L 是固定的；c 为被测样品浓度；所以 $A = Kc$。含量的测定通常采用标准曲线法。

标准曲线法是在数个容量瓶中分别加入一定比例的标准溶液，用适当溶剂稀释至一定体积后在一定的仪器条件下依次测量它们的吸光度，以加入标准溶液的质量为横坐标，以相应的吸光度为纵坐标，绘制标准曲线。试样经适当处理后，在与测定标准曲线相同的条件下测定其吸光度，根据试样溶液的吸光度，通过标准曲线即可查出试样溶液的含量。

三、仪器与试剂

(1)原子吸收分光光度计;

(2)铁元素空心阴极灯;

(3)空气压缩机;

(4)瓶装乙炔气体;

(5)(1 + 1)盐酸溶液;

(6)浓硝酸;

(7)铁标准溶液(100 μg/mL)。

四、仿真实验步骤

1. 了解仪器(图 25 - 2 ~ 图 25 - 4)

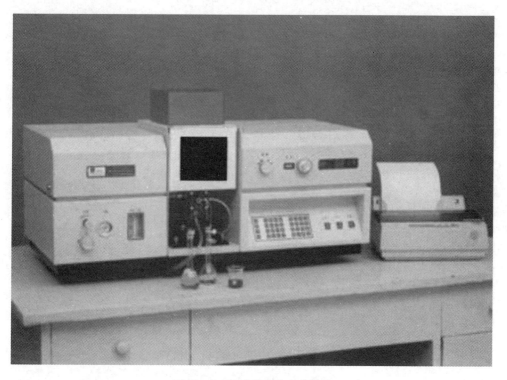

图 25 - 2　原子吸收分光光度计

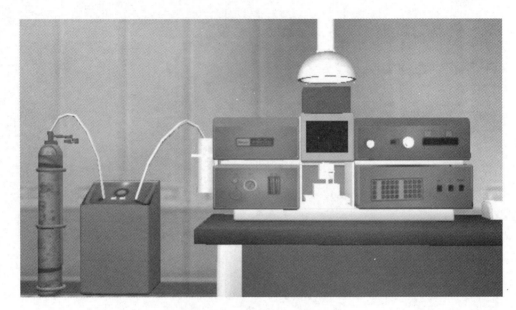

图 25 - 3   虚拟仿真仪器外观图

图 25 - 4   虚拟仿真仪器内部结构图

2. 学习工作原理

仪器的整体工作流程如图 25 - 5 ~ 图 25 - 8 所示。

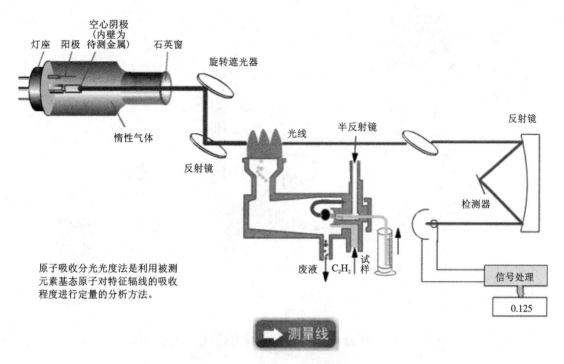

原子吸收分光光度法是利用被测元素基态原子对特征辐线的吸收程度进行定量的分析方法。

图 25 - 5　整体工作流程图

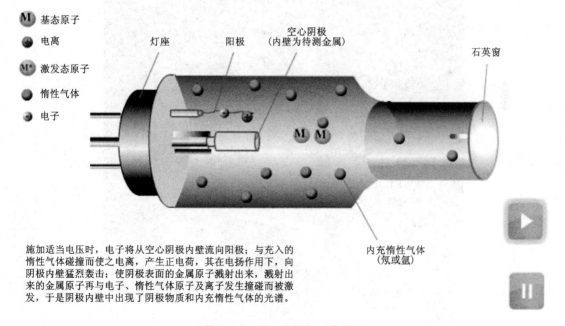

施加适当电压时，电子将从空心阴极内壁流向阳极；与充入的惰性气体碰撞而使之电离，产生正电荷，其在电扬作用下，向阴极内壁猛烈轰击；使阴极表面的金属原子溅射出来，溅射出来的金属原子再与电子、惰性气体原子及离子发生撞碰而被激发，于是阴极内壁中出现了阴极物质和内充惰性气体的光谱。

图 25 - 6　空心阴极灯工作原理

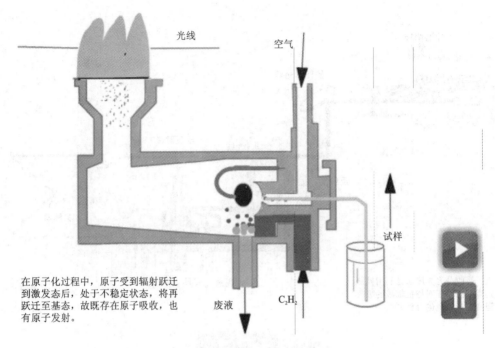

在原子化过程中，原子受到辐射跃迁到激发态后，处于不稳定状态，将再跃迁至基态，故既存在原子吸收，也有原子发射。

图 25 – 7　火焰原子化器工作原理

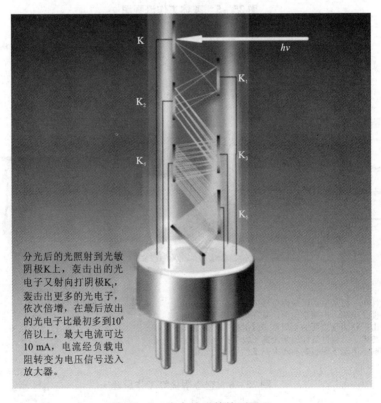

分光后的光照射到光敏阴极K上，轰击出的光电子又射向打阴极K_1，轰击出更多的光电子，依次倍增，在最后放出的光电子比最初多到10^6倍以上，最大电流可达10 mA，电流经负载电阻转变为电压信号送入放大器。

图 25 – 8　光电倍增管检测原理

3. 实验过程

实验过程如图 25－9～图 25－25 所示。

原子吸收分光光度计
仿真实验操作
Enter

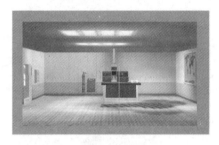

图 25－9　仿真实验界面

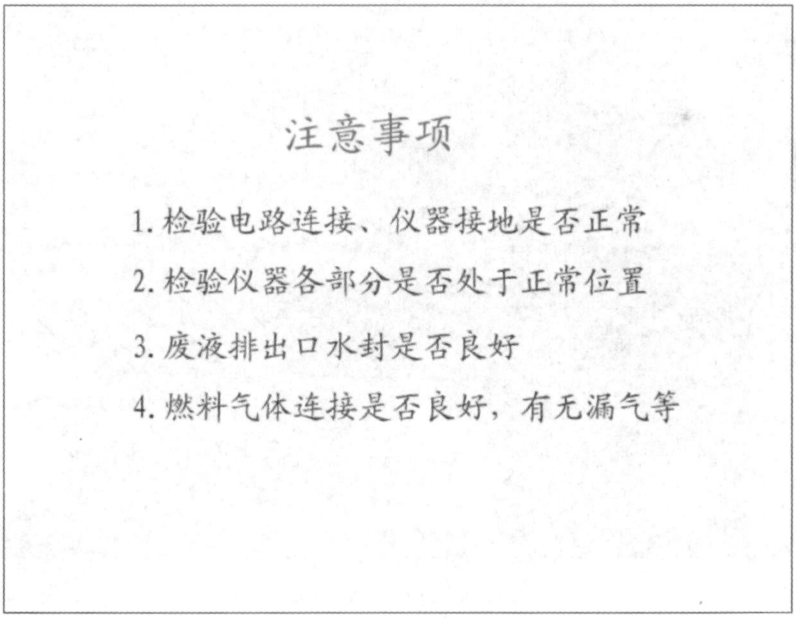
注意事项
1. 检验电路连接、仪器接地是否正常
2. 检验仪器各部分是否处于正常位置
3. 废液排出口水封是否良好
4. 燃料气体连接是否良好，有无漏气等

图 25－10　实验注意事项

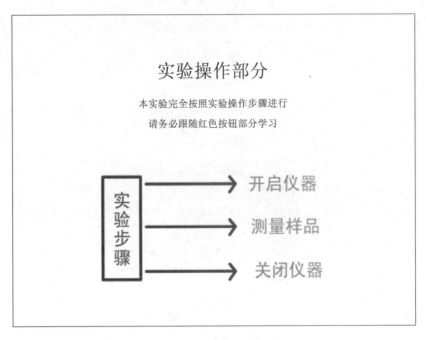

图 25 –11　仿真实验内容

图 25 –12　开启仪器

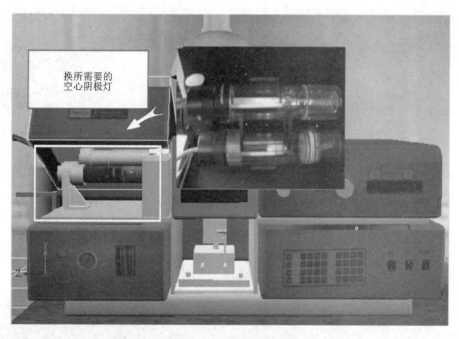

图 25 – 13　更换空心阴极灯

图 25 – 14　仪器初始化

图 25 – 15　调节狭缝

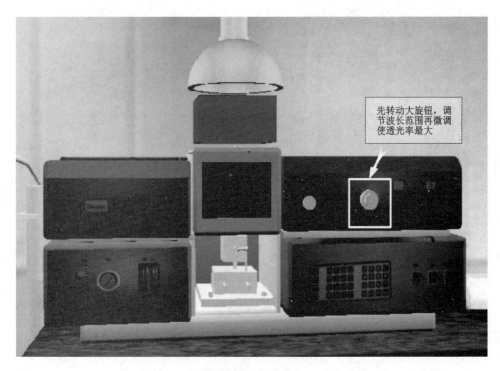

先转动大旋钮，调节波长范围再微调使透光率最大

图 25 – 16　调节波长

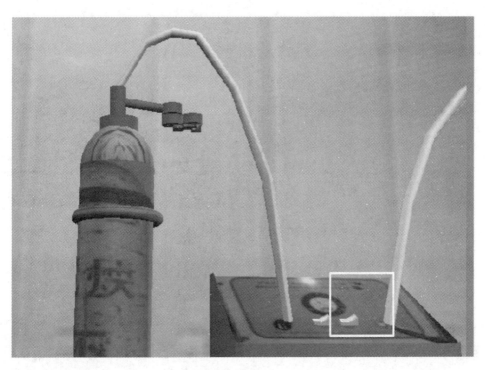

图 25-17 打开空压机及乙炔

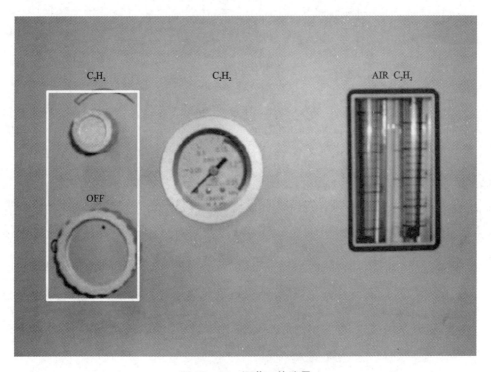

图 25-18 调节乙炔流量

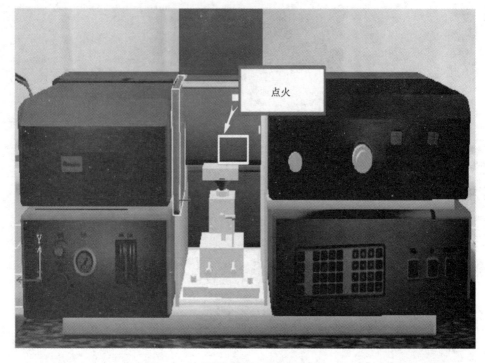

图 25－19　点火

手动测量

图 25－20　测量样品

图 25 – 21　测量结束

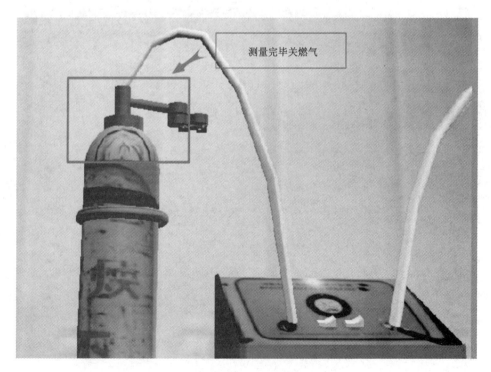

图 25 – 22　关闭乙炔

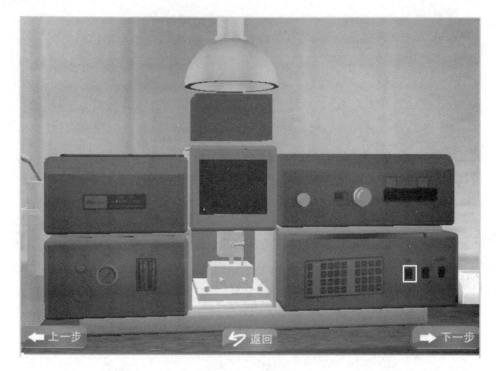

图 25 - 23　关闭高压

图 25 - 24　关闭总电源

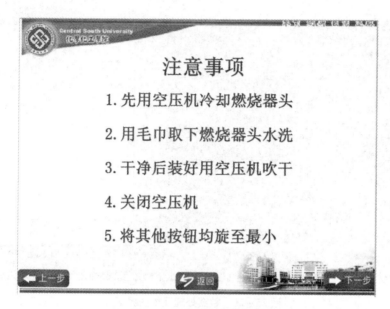

图 25 - 25　其他注意事项

4. 真实实验参考

1）试样的处理

准确称取 0.2 g 试样于 1000 mL 烧杯中，加入(1 + 1)盐酸 5 mL，微热溶解，移入 50 mL 容量瓶中并稀释至刻度，摇匀备用。

2）标准系列的配制

取 6 个 50 mL 容量瓶，各加入(1 + 1)盐酸 5 mL，再分别加入 0.0, 2.0, 5.0, 10.0, 15.0 和 20.0 mL 铁标准溶液(工作液)，用蒸馏水稀释至刻度摇匀备测。

3）仪器准备

按仪器的操作程序将仪器各个参数调到下列测定条件，预热 20 min：分析线：271.9 nm；灯电流为 8 mA；狭缝宽度为 0.1 mm；燃烧器高度为 5 mm；空气流量为 5 L/h；乙炔流量为 1.1 L/h。

4）测量标准系列溶液及试样溶液的吸光度

五、实验数据及处理

将真实实验中得到的检测数据输入仿真实验的数据输入表中，提交后可以自动绘出一条经过线性回归后的标准曲线，并得出线性回归方程和线性相关系数；再次输入未知样的吸光度，即可自动求出未知样的含量，数据处理及绘图界面如图 25 - 26 所示。

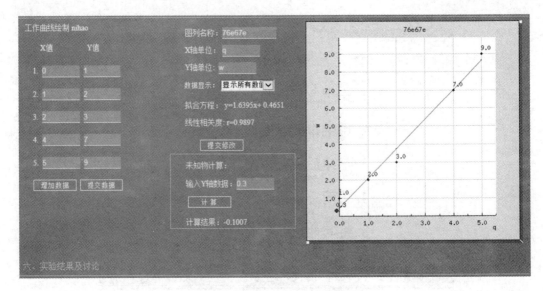

图 25 – 26   数据处理及绘图界面

六、实验结果及讨论

根据以上实验过程及产生的数据进行分析、讨论，并给出最终结果和结论。

七、练习题

(1)什么样的试样才能采用标准曲线法进行测定？
(2)仪器条件是如何影响测定结果的？
(3)在任意浓度范围内的标准曲线是否都是直线？

实验 26

高效液相色谱虚拟仿真实验

一、实验目的

(1)通过虚拟仿真技术学习高效液相色谱分析方法；

(2)了解并掌握高效液相色谱法的分离原理；

(3)学习并掌握高效液相色谱仪的操作；

(4)掌握保留时间初步定性和外标法的定量方法。

二、实验原理

仪器总体工作原理图如图 26 – 1 所示。

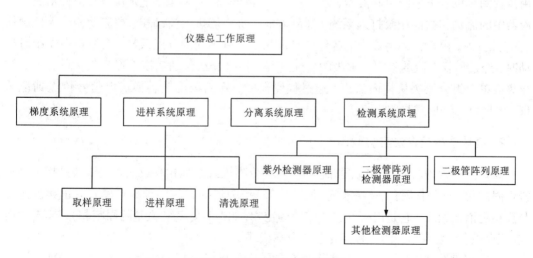

图 26 – 1　仪器总体工作原理图

仪器工作流程图如图 26 – 2 所示。

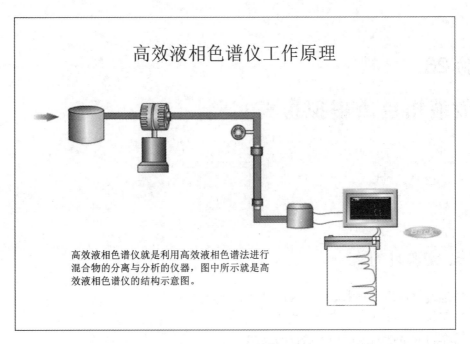

高效液相色谱仪工作原理

高效液相色谱仪就是利用高效液相色谱法进行
混合物的分离与分析的仪器，图中所示就是高
效液相色谱仪的结构示意图。

图 26 – 2　仪器工作流程图

1. 高效液相色谱仪的工作原理

根据图 26 – 1 与图 26 – 2，系统学习仪器的总体工作原理和各个组成部分的工作原理，由流程图可以看出系统由储液器、泵、进样器、色谱柱、检测器、记录仪等几部分组成。储液器中的流动相被高压泵打入系统，样品溶液经进样器进入流动相，被流动相载入色谱柱（固定相）内，由于样品溶液中的各组分在两相中具有不同的分配系数，在两相中作相对运动时，经过反复多次的吸附 – 解吸的分配过程，各组分在移动速度上产生较大的差别，被分离成单个组分依次从柱内流出，通过检测器时，样品浓度被转换成电信号传送到记录仪，数据以图谱形式打印出来。

2. 高效液相色谱法实验原理

高效液相色谱法有反相或正相色谱法两种分离模式。反相高效液相色谱法是指采用非极性固定相（如 C18 等）、极性溶剂（如甲醇等）作为流动相的一种分离模式。正相色谱法与反相色谱法相反，它是以极性物质作为固定相（如带有氨基和氰基的固定相），非极性溶剂（正己烷等）为流动相的一种液相色谱分离模式。

在反相色谱柱中，极性较强或亲水的样品分子与固定相的相互作用较弱，分配较少，因此随着流动相较快流出，反之，疏水性相对较强的分子和固定相间存在较强的相互作用，在柱内保留的时间相对较长。

色谱定性原理：同种物质在相同色谱条件下具有相同的保留值（保留时间或保留体积）。通过比较已知物和未知物的保留值，即可初步确定未知物是何种物质。

色谱定量原理：在一定的色谱条件下，组分 i 的质量（m_i）或其在流动相中的浓度，与检测器相应信号（峰面积 A_i 或峰高 h_i）呈正比。

三、仪器与试剂

1. 仪器

岛津 LC - 2010A 高效液相色谱仪（配有 UV 检测器和 CLASS - VP 色谱工作站）色谱柱（操作条件：流动相中甲醇与水的体积比为 85∶15，检测波长为 254 nm，柱温为室温，流动相流速为 0.8 mL/min 或 1.0 mL/min）。

2. 试剂与样品

甲醇（99.9%），色谱纯；水，二次蒸馏水；苯（99.5%）、甲苯（99.5%）均为分析纯；试样（未知浓度的苯和甲苯混合液）。

四、仿真实验步骤

1. 了解仪器（图 26 - 3 ~ 图 26 - 5）

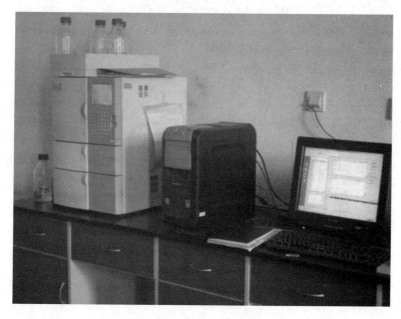

图 26 - 3　真实仪器外观图

图 26 - 4 虚拟仿真仪器外观图

图 26 - 5 虚拟仿真仪器内部结构图

2. 学习工作原理(图 26 – 6 ~ 图 26 – 11)

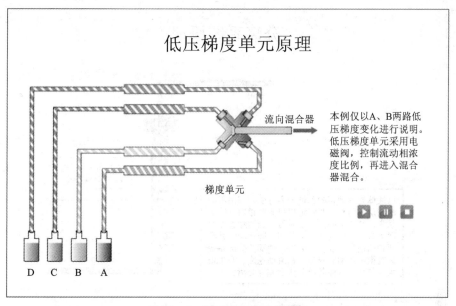

图 26 – 6 低压梯度单元原理图

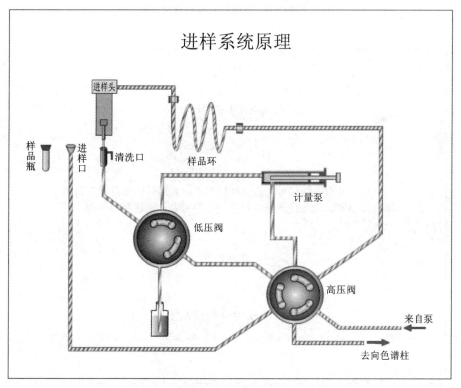

图 26 – 7 进样系统(含高压系统)工作原理

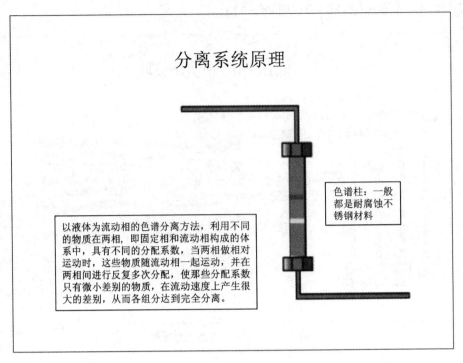

图 26 - 8　色谱柱分离系统原理

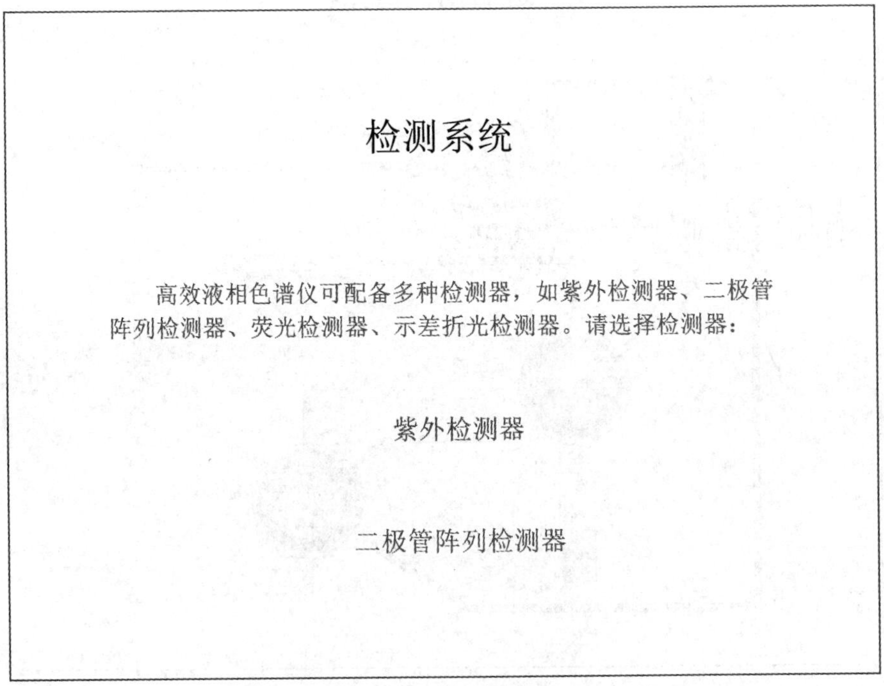

检测系统

　　高效液相色谱仪可配备多种检测器，如紫外检测器、二极管阵列检测器、荧光检测器、示差折光检测器。请选择检测器：

紫外检测器

二极管阵列检测器

图 26 - 9　检测系统工作原理（含紫外检测器和二极管阵列检测器）

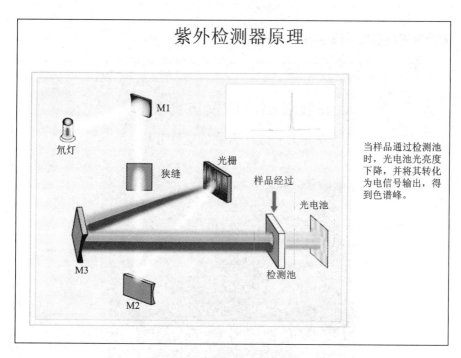

图 26 - 10　紫外检测器检测原理

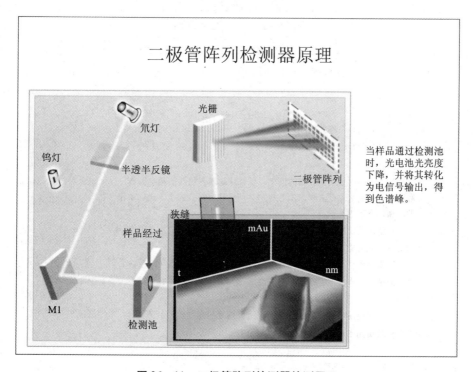

图 26 - 11　二极管阵列检测器检测原理

3. 实验过程(图 26 – 12 ~ 图 26 – 20)

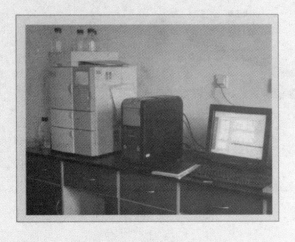

图 26 – 12 仿真实验界面

注意事项

　　为了让初次使用此仪器的同学，能够快速掌握仪器的基本操作，保证实验的顺利进行，请大家认真学习本教程，并严格按照给定的步骤进行操作。在实验之前，请注意以下几点：

　　1. 请确定仪器主机已经打开，并通过仪器的自检，能正常工作(此工作一般由老师事先完成)。

　　2. 未经允许不得随意更改计算机的各种设置，有问题及时报告老师。

　　3. 请保持本仪器室整洁，所有废纸都要带回实验室。实验结束，值日生要负责打扫。

　　4. 为避免溶液洒落造成的腐蚀，所有溶液的配置、倾倒都不得在本室进行。

　　5. 使用完本仪器后，请在仪器记录本上认真登记。

图 26 – 13 实验注意事项

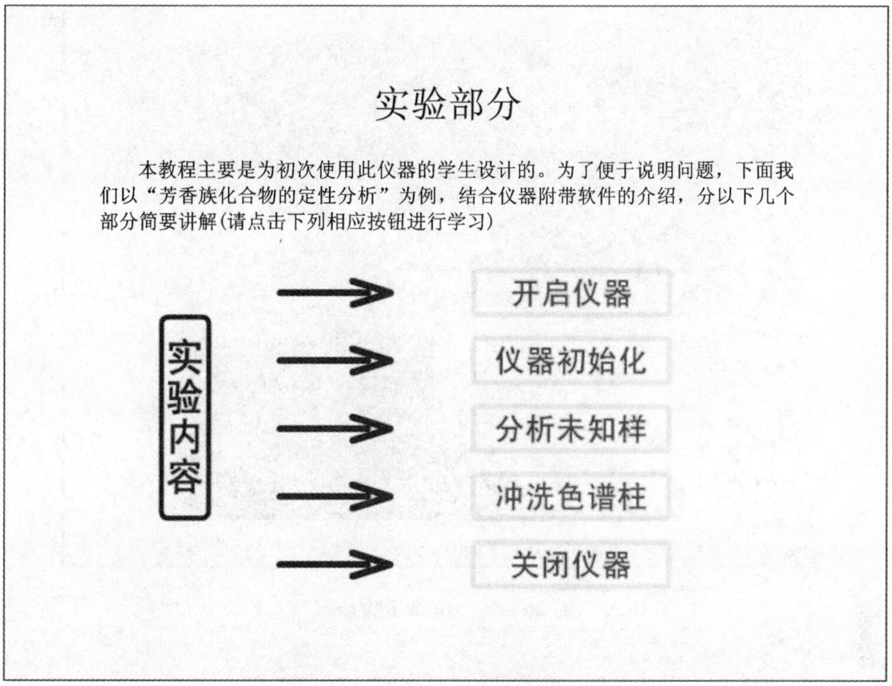

实验部分

　　本教程主要是为初次使用此仪器的学生设计的。为了便于说明问题，下面我们以"芳香族化合物的定性分析"为例，结合仪器附带软件的介绍，分以下几个部分简要讲解(请点击下列相应按钮进行学习)

实验内容 → 开启仪器

→ 仪器初始化

→ 分析未知样

→ 冲洗色谱柱

→ 关闭仪器

图 26 – 14　实验内容

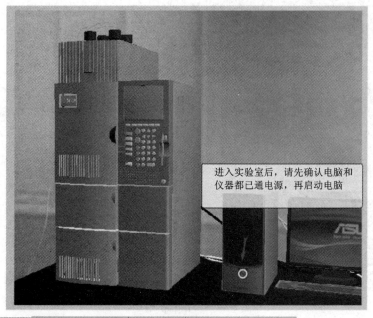

进入实验室后，请先确认电脑和仪器都已通电源，再启动电脑

导航条 ← 点此导航条快速进入各部分教程

图 26 – 15　开启仪器

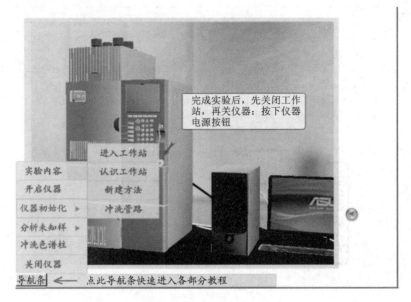

图 26 – 16　仿真实验步骤

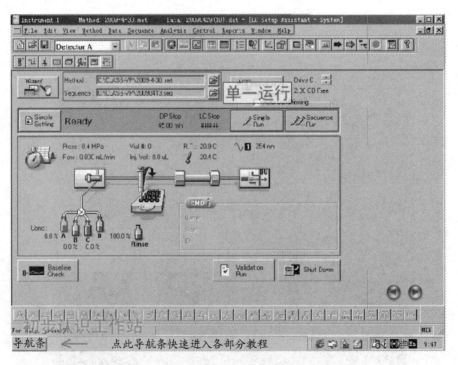

图 26 – 17　仪器初始化

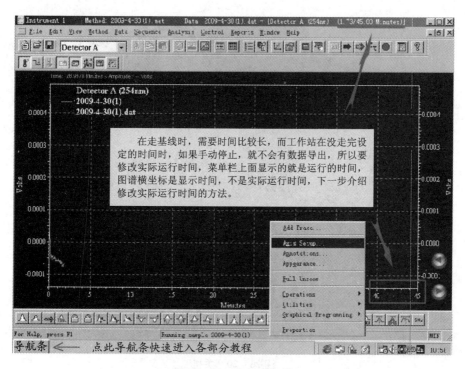

图 26 – 18　分析未知样

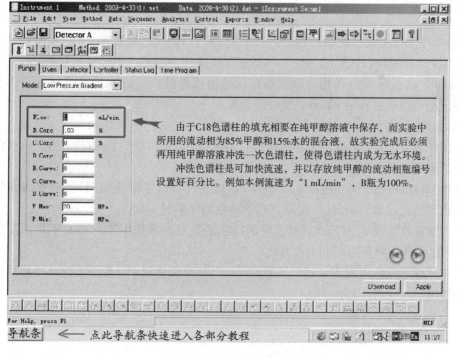

图 26 – 19　冲洗色谱柱

图 26-20　关机

4. 真实实验参考

(1)标准工作溶液的配制：先取少许流动相置于 100 mL 容量瓶中，放入天平中去皮归零，用移液管分别量取 0.5 mL 苯(0.4396 g)、甲苯(0.4328 g)于容量瓶并依次称质量，精确至 0.0001 g，然后用流动相定容制备成标准溶液母液。分别取标准溶液母液 2.5 mL，5 mL 用流动相稀释定容至 10 mL，编号依次为 a，b。

(2)色谱分析。

①试样溶液：未知浓度的苯和甲苯混合溶液(流动相做溶剂)，进样，所得色谱图上显示 2 个色谱峰。

②甲苯标准液(流动相做溶剂)，进样(色谱条件与试样溶液相同)所得色谱图与试样溶液的色谱图比较来初步定性(确定试样溶液色谱峰的归属)。

③标准工作溶液 a，b 依次进样，将所得色谱图上的苯和甲苯的峰面积对浓度分别作图，从而得到苯和甲苯的标准工作曲线。

④将试样溶液色谱图中苯和甲苯的峰面积与标准曲线对照，从而求得试样溶液中苯和甲苯的浓度。

五、实验数据及处理

　　将真实实验中得到的检测数据输入仿真实验的数据输入表中，提交后可以自动绘出一条经过线性回归后的标准曲线，并得出线性回归方程和线性相关系数；再次输入未知样的峰面积，即可自动求出未知样的含量，图 26 - 21 所示为数据处理及绘图界面。

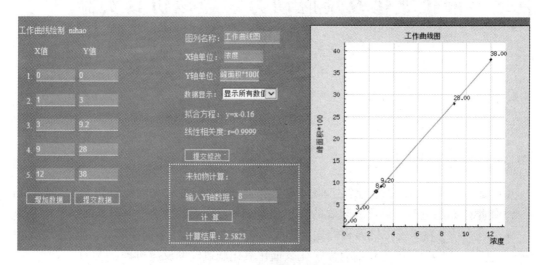

图 26 - 21　数据处理及绘图界面

六、实验结果及讨论

　　根据以上实验过程及产生的数据进行分析、讨论，并给出最终结果和结论。

七、练习题

　　(1)试分析苯的保留时间为什么比甲苯的短。
　　(2)从仪器构造、分离原理和应用范围比较 HPLC 和 GC 的异同点。
　　(3)试写出仪器的各个组成部分及其工作原理。

实验 27

氯化氢催化氧化及反应动力学虚拟仿真实验

一、实验目的

（1）通过仿真技术模拟氯化氢实验室安全事项，虚拟漫游展现催化氧化制备氯气反应系统，使学生熟悉危险气体反应装置的搭建及固定床反应器的构造、操作及维护等；

（2）通过仿真技术模拟气固相催化反应的外扩散、内扩散、表面吸附、反应、脱附的动力学全过程，使学生了解催化剂表面氯化氢催化氧化制氯气的反应机理；

（3）通过对反应温度、进气配比及反应时间等主要反应条件对催化剂性能的影响，了解催化剂的失活现象及机理；掌握催化反应动力学数据的测定及动力学方程的建立；

（4）通过仿真技术模拟大型仪器对催化剂比表面积、晶体结构、表面元素价态等物化结构的表征，使学生熟悉大型仪器的使用，获得对于催化剂"结构－性质"关联规律的直观认识；

（5）通过对催化剂的制备、结构、催化性能 3 方面结果的关联，深入理解催化剂的构效关系，培养学生的科研素质和创新能力。

二、实验软件与设备

1. 实验软件

本实验软件是由中南大学与北京微瑞智集有限公司共同开发的虚拟仿真软件（计算机软件著作权受理登记流水号：2019SR0887651；著作权人：中南大学）。该软件采用 Unity 3D、3DsMax 等软件，根据实验室研究成果开发完成。

2. 实验平台与运行环境

用户硬件配制要求（如主频、内存、显存、存储容量等）。

1）计算机硬件配制要求

推荐配制：

CPU Intel I5 2.0 GHz；

内存：4 GB；

硬盘 300 GB；

显卡 NV GT700 1 GB 以上。

2) 其他计算终端硬件配制要求

服务器推荐配制：CPU Intel E5 2.0 GHz；

内存：16 GB；

硬盘：300 GB 及以上；

千兆网卡。

三、实验原理

氯化氢是工业中重要的无机化学品。通过氯化氢催化氧化反应，实现氯资源的循环利用的工艺，是绿色化学的重要要求，自 1868 年一直沿用至今。中南大学化学化工学院自 2010 年起，也围绕着 HCl 催化氧化催化剂的开发，开展了多年的科学研究，在传统氧化铬基催化剂基础上，提出了独具创新性的尖晶石催化剂体系及催化机理。鉴于氯化氢催化氧化反应在催化学科的典型性，以及我院在该领域的科研实践，将科研成果及科研方法应用到本科生的实践课，特开设本虚拟仿真实验。

本实验项目的总反应方程式如下：

$$HCl(g) + \frac{1}{4}O_2(g) \xrightarrow{\text{催化剂}} \frac{1}{2}Cl_2(g) + \frac{1}{2}H_2O(g)$$

$$\Delta H = -27.2 \text{ kJ/mol}$$

传统的催化剂主要有氧化铜、氧化铬、二氧化钌、二氧化铈等。本实验采用的催化剂为传统的 Cr_2O_3 催化剂以及最新的尖晶石 $CoCr_2O_4$、尖晶石 $ZnCr_2O_4$ 催化剂。

Cr_2O_3、尖晶石 $CoCr_2O_4$、尖晶石 $ZnCr_2O_4$ 3 种催化剂的催化机理如下：

Cr_2O_3 遵循 Langmiur – Hinshelwood(L – H)机理，反应物在催化剂的表面进行吸附、反应，由 5 步基元反应组成。 * 代表催化剂上的空位，即活性位点。

$$HCl + O* + * \rightleftharpoons OH* + Cl*$$

$$Cl* + Cl* + * \rightleftharpoons Cl_2 + 2*$$

$$OH* + OH* \rightleftharpoons H_2O* + O*$$

$$H_2O* \rightleftharpoons H_2O + *$$

$$O_2 + 2* \rightleftharpoons 2O*$$

然而由于反应过程中形成 $CrCl_2O_2$ 挥发物，因而催化剂失活很快。

尖晶石 $CoCr_2O_4$ 也遵循 L – H 机理，反应物在催化剂的表面进行吸附、反应，由 6 步基元反应组成。 * 代表催化剂上的空位，即活性位点。

$$HCl(g) + 2* \longrightarrow H* + Cl*$$

$$O_2(g) + 2* \longrightarrow O_2*$$

$$2Cl * \longrightarrow Cl_2(g) + 2 *$$
$$O_2 * + H * \longrightarrow OOH * + *$$
$$OOH * + H * \longrightarrow 2OH *$$
$$OH * + H * \longrightarrow H_2O + 2 *$$

$ZnCr_2O_4$ 遵循 Mars – van Krevelen(M – K)机理,除了反应物在催化剂的表面进行吸附之外,还涉及体相晶格氧参与反应,可以看作是由 6 步基元反应组成。* 代表催化剂上的空位,即活性位点。

$$HCl(g) + O(lat) + 2 * \longrightarrow OH * (lat) + Cl *$$
$$OH * (lat) + H * \longrightarrow H_2O(g) + 2 * (vac)$$
$$2Cl * (vac) \longrightarrow Cl_2(g) + 2 * (vac)$$
$$O_2(g) + * (vac) \longrightarrow O(lat) + O *$$
$$O * + H * \longrightarrow OH * + *$$
$$OH * + H * \longrightarrow H_2O(g) + 2 *$$

本实验项目包括氯化氢实验室安全、催化剂晶体结构与催化机理、催化剂的制备、催化氧化反应、催化剂的表征 5 个模块。首先,通过第 1 模块的学习,了解实验室安全注意事项。接着,通过第 2 模块的学习,了解氧化铬、铬酸锌、铬酸钴 3 种催化剂的结构,了解氧化铬与尖晶石型铬酸盐的催化机理的区别。通过第 3 模块的学习,掌握溶胶凝胶法制备金属氧化物催化剂的方法。通过第 4 模块的学习,掌握固定床反应器的构造、操作,以及测定氯化氢催化氧化反应各种动力学参数,如反应温度、进气比、催化剂用量、反应时间对催化性能的影响。最后,通过第 5 模块的学习,了解催化剂的微观形貌、比表面积、晶体结构、表面元素价态测定方法,并将表征结果与催化剂的催化性能关联起来,深入理解催化剂"结构 – 性能"的构效关系。

四、实验要求

(1)学生在实验前应预习实验,了解氯化氢催化氧化实验的实验原理、实验过程、动力学影响参数及 XRD、SEM、XPS、BET 测试表征原理,完成书面预习报告。

(2)实验过程中,需完成 5 个模块的实验操作。重点考察反应温度、原料配比等工艺过程参数对氯化氢转化率的影响,并利用系统的实验数据记录和绘图功能,记录实验数据,绘制实验规律图。

(3)实验结束后,撰写实验报告。实验报告包括实验目的、实验软件与设备、实验原理、实验步骤、实验记录与数据处理、实验结果与讨论、思考题等内容。

五、实验步骤

本实验操作包括 5 部分,分别为氯化氢实验室安全、催化剂晶体结构与催化机理、催化剂的制备、催化氧化反应、催化剂的表征。

(1)氯化氢实验室安全:按照操作说明,完成实验室隐患排查和实验室事故应急处理。

（2）催化剂晶体结构与催化机理：依次学习氧化铬催化剂、铬酸钴催化剂及铬酸锌催化剂晶体结构及机理。

（3）催化剂的制备：根据操作说明，选择不同原料及反应条件制备不同焙烧温度、不同目数的氧化铬催化剂、铬酸钴催化剂及铬酸锌催化剂。

（4）催化氧化反应：根据操作说明完成实验，探究反应温度、进气配比及反应时间等工艺参数对催化氧化结果的影响及催化反应动力学数据的测定及动力学方程的建立。

（5）催化剂的表征：根据操作说明依次完成催化剂的表征及结果分析。

详细实验步骤见实验操作说明。

六、数据记录、处理与结果分析

根据实验数据，填写数据记录表，利用软件的数据分析功能，对实验工艺参数对催化剂性能的影响进行分析。

数据记录表如表 27 - 1 与表 27 - 2 所示。

表 27 - 1　数据记录

参数	值
焙烧温度 $\theta_1/℃$	
催化剂大小 $N/\mu m$	
催化剂质量 m_1/g	
氮气流量 $v_1/(mL \cdot min^{-1})$	
反应温度 $\theta_2/℃$	
氧气流量 $v_2/(mL \cdot min^{-1})$	
反应时间 t/h	
$\bar{c}(硫代硫酸钠)/(mol \cdot L^{-1})$	
V_0/mL	
V_2/mL	
转化率 $X/\%$	

表 27 – 2　数据记录

项目　　　　　　　　　　　　　序号	I	II	III
m(重铬酸钾)/g			
V_0/mL			
V/mL			
c(硫代硫酸钠)/(mol·L^{-1})			
$\bar{c}$(硫代硫酸钠)/(mol·L^{-1})			
平均偏差			
相对平均偏差			

七、思考题

(1)如何表征催化剂的结晶程度、晶粒大小和比表面积?

(2)固定床反应器中的气固相催化反应,影响反应结果的主要因素包括哪些?

(3)为什么 Cr_2O_3 的催化性能会逐渐变差? 请分析其失活的原因。

(4)为什么不同目数的催化剂会表现出不同的性能? 请结合相关课程分析原因。

实验 28

锂硫电池材料制备、软包电池组装
与性能测试虚拟仿真实验

一、实验目的

（1）了解硫单质处理方式（分散硫和不分散硫）、载硫体选择（生物质碳源，棕榈纤维；新型碳源，石墨烯碳源；组合碳源，碳壳）、复合方法选择（熔融法、水热法、溶剂热法）对合成锂硫软包电池正极材料的性能影响，同时掌握锂硫软包电池正极材料常规制备方式；

（2）掌握熟悉大型仪器的使用流程，并掌握表征结果的数据结算和数据分析方法；

（3）熟悉工厂中试设备锂硫软包电池制备工艺、设备安全操作流程和参数控制标准；

（4）掌握锂硫软包电池电化学性能（充放电曲线、循环伏安曲线）分析及充放电机理；

（5）掌握各类电池的安全性能和应用实例。

二、实验软件与设备

1. 实验软件

本实验软件是由中南大学与河南阿尔法科技有限公司共同开发的虚拟仿真软件。该软件采用 Unity 3D、3DsMax 等软件，根据实验室研究成果开发完成。

2. 实验平台与运行环境

用户硬件配制要求（如主频、内存、显存、存储容量等）。

1）计算机硬件配制要求

推荐配制：

CPU Intel I5 2.0 GHz；

内存 4 GB；

硬盘 300 GB；

显卡 NV GT700 1 GB 以上。

2）其他计算终端硬件配制要求

服务器推荐配制：CPU Intel E5 2.0 GHz；

内存：16 GB；

硬盘：300 GB 及以上；

千兆网卡。

三、实验原理

1. 锂硫电池发展背景

随着社会的飞速发展，人类对于能源的需求日益增长，而全球资源日益短缺加剧了能源供需之间的矛盾。化学电源作为一种化学能与电能的转化储存装置，在能源领域占有不可替代的地位。1859 年铅蓄电池被成功研发，一系列化学电源新体系相继问世，并大量应用于生产生活的各个领域，如 20 世纪初的锌锰干电池和铅酸蓄电池，20 世纪 40 年代出现的镍镉电池，20 世纪 60 年代研发的碱性锌锰电池，20 世纪 80 年代末的镍氢电池等。这些传统的电池体系普遍存在能量密度低、环境污染严重、携带不方便等问题。

在探寻新的电池体系的过程中，锂电池是目前已知的比容量最高（3861 mAh/g）、电化学当量最小（0.259 g/Ah）、电极电势最负（-3.045 V，相较于标准氢电极）的电极材料，成为具有极大发展前景的高能量体系。1990 年，基于锂离子嵌脱过程的锂离子电池成功商品化，由于它具有工作电压高、能量密度较高、循环寿命高、易于携带、环境友好等优势，被广泛应用于国防、交通运输、电子设备等各个领域。然而，目前锂离子电池的能量密度几乎达到其瓶颈（约 300 mAh/g），无法提供纯电动车行驶 300 km 以上里程所需的能量。因此，寻找新一代高比容量的正极材料成为最新的目标。

基于"集成"化学反应的电池体系，即电极的充放电过程伴随着氧化还原反应中共价键的断裂和生成，成为关注的重点，其中应运而生的锂空电池和锂硫电池崭露头角。由表 28 - 1 所示的几种新型锂电池的主要电化学参数可知，尽管锂离子电池的技术发展最为成熟，但是锂空电池和锂硫电池比锂离子电池更具有能量优势，而目前锂空电池的研发还面临很多技术难关。因此，锂硫电池以其高理论能量密度（2450 Wh/kg，以 S 完全反应生成 Li_2S）、资源丰富、无毒、环境友好、价格低廉等优点，被认为是当前最具发展潜力的高性能化学电源。

表 28 - 1　几种新型锂电池的主要电化学参数

电化学参数	锂离子电池	锂硫电池	锂空电池
平均电压/V	3.4 ~ 4.0	2.15	3.2
理论能量密度/(Wh · kg^{-1})	410	2450	3582
实际能量密度/(Wh · kg^{-1})	140 ~ 200	350 ~ 700	—
循环寿命(目前水平)/次	>1000	<500	<100

　　由于锂硫电池单个材料制备、表征以及电池性能测试周期长(达到一个月以上)，本科生实验无法参与全过程且无法针对不同材料制备和表征方式依次进行实验，进而无法全面了解材料制备方式、表征结果、电池性能的关联因素。同时目前中试线软包电池生产工艺、安全性能测试工序因设备尺寸大、流程复杂、安全系数要求高，导致无法在学校为本科生开展相关实验；进而造成本科生实验和实习过程无法完全掌握电池中试线生产工艺与参数控制标准。故本次仿真实验以中南大学最新实验成果为数据基础，对锂硫软包电池正极材料制备/表征、中试线软包电池组装(参考科晶深圳科晶智达科技有限公司生产的电池组装中试线设备工序)与性能测试等整个工艺流程进行虚拟仿真。

2. 锂硫电池反应机理

　　锂硫电池与锂离子电池中锂离子的嵌入脱出反应机理不同，它通过 S—S 键的断开与复合来可逆地储存和释放电能。假设 S_8 完全反应生成 Li_2S，那么锂硫电池反应如下：

　　阴极(还原反应)：$S_8 + 16Li^+ + 16e^- \longrightarrow 8Li_2S$

　　阳极(氧化反应)：$16Li \longrightarrow 16Li^+ + 16e^-$

　　电池总反应：$S_8 + 16Li \longrightarrow 8Li_2S$

　　该电池反应中能量计算如下：

$$Q(锂) = \frac{nF}{M} = \frac{1 \times 26801 \text{ mAh/mol}}{6.94 \text{ g/mol}} = 3862 \text{ mAh/g}$$

$$Q(硫) = \frac{nF}{M} = \frac{2 \times 26801 \text{ mAh/mol}}{32 \text{ g/mol}}s = 1675 \text{ mAh/g}$$

$$Q(电池) = \frac{16 \times 26801 \text{ mAh/mol}}{(8 \times 32 \text{ g/mol}) + (16 \times 6.94 \text{ g/mol})} = 1168 \text{ mAh/g}$$

$$E(电化学电位) = -\frac{-\Delta rG}{nF} = -\frac{-3241900 \text{ C V/mol}}{16 \times 96485 \text{ C/mol}} = 2.1 \text{ V}$$

$$W(能量密度) = 2.1 \times 1168 \text{ mAh/g} = 2453 \text{ Wh/kg}$$

　　S_8 虽然以最稳定的状态存在，但是在反应过程中，会被还原成多种多硫离子，这些多硫离子大部分会溶解于液态有机电解液中，发生一系列电荷转移和化学反应，导致锂硫电池的反应机理非常复杂，至今仍然备受争议。一般情况下，当 S_8 被还原时，放电曲线会呈现 2 个电压平台。图 28 − 1 是锂硫电池工作原理图，图 28 − 2 是锂硫电池典型的充放电曲线图；由图可知，放电过程包含两个阶段。

　　第一个阶段：电压范围 2.1～2.4 V，对应发生的反应是单质硫 S_8 被还原成可溶性的高阶多硫离子(Li_2S_n，$n \geq 4$)，具体的反应方程式如下：

　　$S_8 + 2Li \longrightarrow Li_2S_8$

　　$Li_2S_8 + 2Li \longrightarrow 2Li_2S_4$

　　由于 Li_2S_8 在很多电解液中不稳定，会发生歧化反应形成 Li_2S_n，反应方程式如下：

　　$Li_2S_8 \longrightarrow 2Li_2S_n + (8 - n)S$

　　第二阶段，电压范围 1.5～2.1 V，对应于高阶多硫离子还原成低阶多硫离子(Li_2S_n，$1 < n < 4$)和 Li_2S，具体的反应方程式如下(由于 Li_2S_2 的难溶性和电子导电性差等特性，进

一步还原成 Li_2S 的反应并不完全）：

$$Li_2S_4 + 2Li \longrightarrow 2Li_2S_2$$

$$Li_2S_2 + 2Li \longrightarrow 2Li_2S$$

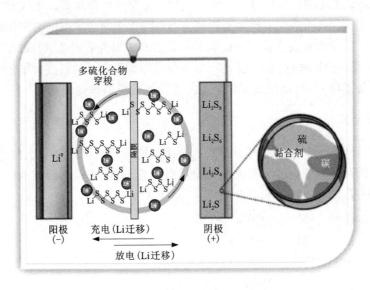

图 28－1　锂硫电池工作原理图

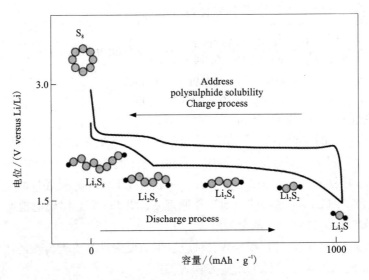

图 28－2　锂硫电池充放电原理图

锂硫电池的充电过程比较简单，正极发生硫的氧化反应，负极发生锂离子的还原反应，主要对应 2 个平台，分别约为 2.28 V 和 2.4 V。充电过程中，Li_2S_2 和 Li_2S 被氧化成 S_n^{2-}（$n = 6 \sim 8$），但是不会有 S_8 的生成。

3. 锂硫软包电池正极材料合成与表征原理

锂硫软包电池制备和性能测试仿真实验从硫单质处理方式(分散硫和不分散硫)、载硫体选择(生物质碳源:棕榈纤维;新型碳源:石墨烯;组合碳源:碳壳)、复合方法选择(熔融法、水热法、溶剂热法)3个参数对锂硫电池正极材料合成进行了组合设计实验,可通过拟定的设计步骤选择所需的正极材料合成物质和方法,图28-3所示为锂硫电池正极材料合成路线图。

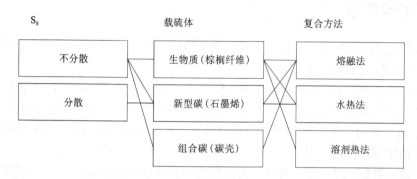

图28-3 锂硫电池正极材料合成路线图

因合成后的正极材料,其载硫量、孔径和比表面积对锂硫电池容量有决定性的影响,故制备后的正极材料可通过 SEM 和热重分析仪进行材料表征。

4. 锂硫电池组装(软包)和性能测试方案

锂硫软包电池组装工序参考科晶深圳科晶智达科技有限公司生产的电池组装中试线设备工序,流程详见图28-4。

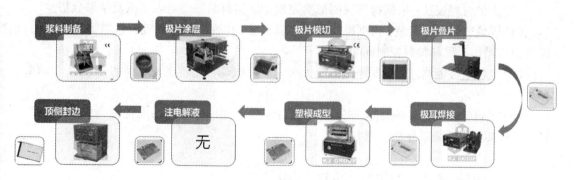

图28-4 锂硫电池组装(软包)工序

组装时基础材料选型如下:

(1)正极:正极活性物质,纯硫、制备阶段制备的硫载复合物;导电剂,乙炔黑(AB);黏连剂,聚四氟乙烯(PTFE);溶剂,异丙醇。

（2）负极：金属锂、黏连剂。

（3）其他：正极集流体，铝箔；负极集流体，铜箔；隔膜，celgard2300 多孔膜；电解液，添加 1% $LiNO_3$（硝酸锂与多硫化锂产生协同效应，在锂表面形成均匀稳定的 SEI 膜）的 1 mol/L $LiN(CF_3SO_2)_2$（LiTFSI）/ DOL + DME（$w:w = 2:1$）。

针对组装后的锂硫软包电池进行穿刺、挤压测试，从而对比了解各类电池的安全性能和应用实例。

四、实验要求

（1）实验前完成实验预习，了解锂硫电池正极材料制备与表征、软包电池组装与性能测试的实验原理、过程和工艺参数。

（2）实验过程中，要求完成仿真实验，包含采用 SEM、热重分析仪等对正极材料进行表征，考察不同载硫体、复合方式以及硫单质处置情况对正极材料性能的影响；同时对制备的锂硫软包电池进行充放电和循环性能测试，分析其电化学性能，并判断正极材料性能和电池电化学性能的关联因素。

（3）实验结束后，撰写实验报告。实验报告包括实验目的、实验软件与设备、实验原理、实验步骤、实验记录与数据处理、实验结果与讨论、思考题等内容。

五、实验步骤

本实验操作包括 5 部分，分别为锂硫电池正极材料制备、正极材料表征、锂硫软包电池组装、电化学性能测试、穿刺/挤压测试。

（1）锂硫电池正极材料制备：按照流程提示，依次选择硫单质处理方式、载硫体材料、复合方法，从而确认所需合成的正极材料，然后按照操作说明合成该正极材料。

（2）正极材料表征：根据操作说明依次完成正极材料的测试与表征以及结果分析。

（3）锂硫软包电池组装：根据操作说明完成实验，探究中试线锂硫软包电池制备工艺、设备安全操作流程和参数控制标准。

（4）电化学性能测试：根据操作说明依次完成锂硫软包电池的电化学性能测试与结果分析。

（5）穿刺/挤压测试：对制备的锂硫软包电池和市面广泛应用的电池进行安全性能测试，判断其电池性能差异与应用方向。

六、数据记录、处理与结果分析

根据实验数据，填写数据记录表，利用软件的数据分析功能，对实验工艺参数的影响进行分析。

（1）单质硫分散处理对载硫量的影响。

（2）不同比表面积/比重的载硫体对载硫量的影响。

（3）不同复合方式对正极材料的孔径、载硫量的影响。

（4）选用水热法合成时材料配比对载硫量的影响。

（5）根据得出的电化学性能曲线图，分析已制备的锂硫软包电池的充放电性能、循环性能。

七、思考题

（1）锂硫电池穿梭效应的成因是什么？

（2）锂硫电池为防止锂电极产生"枝晶"效应的应对方法有哪些？

（3）锂硫电池充放电曲线中为何有 2 个放电平台？

参考文献

［1］王存,王鹏,徐柏庆. Zn – SnO₂ 纳米复合氧化物光催化剂催化降解对硝基苯胺［J］. 催化学报,2004,
25(12)：967 – 972.

［2］Nair J, Nair P, Mizukami F,et al. Microstructure and phase transformation behavior of doped nanostructured
titania［J］. Materials Research Bulletin, 1999, 34(8)：1275 – 1290.

［3］高荣杰, 王之昌. TiO₂ 超为粒子的制备及相转位动力学［J］. 无机材料学报,1997,12(4)：599 – 603.

［4］关鲁雄,秦旭阳,丁萍,等. 光催化降解甲基蓝溶液［J］. 中南大学学报(自然科学版), 2004, 35(6)：
970 – 973.

［5］司士辉, 颜昌利, 刘国聪. 纳米 TiO₂ 降解源复合型农药制剂［J］. 中南大学学报(自然科学版),
2004, 35(4)：591 – 594.

［6］刘崎, 陈晓青. 掺镧纳米 TiO₂ 的光催化性能研究［J］. 工业催化, 2004, 12(6)：33 – 35.

［7］牛新书, 杜卫平, 杜卫民, 等. 纳米 ZnO 的制备及其气敏性能［J］. 应用化学, 2003, 20(10)：
968 – 971.

［8］宋国利,梁红,孙凯霞. 纳米晶 ZnO 可见发射机制的研究［J］. 光子学报, 2004, 33(4)：485 – 488.

［9］徐美, 张尉平, 尹民. 纳米 ZnO 的燃烧法制备和光谱特性［J］. 无机材料学报, 2003, 18(4)：
933 – 936.

［10］陈友存, 张元广. 纳米 ZnO 微晶的合成及其发光特性［J］. 光谱学与光谱分析, 2004, 24(9)：1032 –
1034.

［11］宋旭春, 徐铸德, 陈卫祥, 等. 氧化锌纳米棒的制备和生长机理研究［J］. 无机化学学报, 2004,
20(2)：186 – 190.

［12］康明, 谢克难, 卢忠远, 等. 溶胶 – 凝胶法制备纳米级 ZnO：Eu,Li 红色荧光材料［J］. 四川大学学报
(工程科学版), 2005, 37(1)：65 – 68.

［13］ZENG Dongming, HU Aiping, SHU Wanyin. Eu²⁺ luminescence in BaZnAl₁₀O₁₇：Eu phosphor［J］. Journal
of Rare Earth, 2002, 20(6)：602 – 605.

［14］曾冬铭, 程建良. 溶胶 – 凝胶法制备 Y₂O₃：Eu 发光薄膜［J］. 感光材料与光化学, 2003, 21(4)：
280 – 284.

［15］曾冬铭, 舒万艮, 刘丹平, 等. 燃烧法制备掺铽铝酸盐荧光粉及荧光特性研究［J］. 稀土, 2003, 4：
26 – 28.

［16］曾冬铭, 程建良. 掺铕 Y₂O₃ 发光薄膜的制备及发光性能［J］. 应用化学, 2003, 20(11)：1120 – 1122.

[17] 曾冬铭, 莫红兵, 舒万艮, 等. 燃烧法合成 $MgAl_2O_4 : Eu^{2+}, Dy^{3+}$ 的研究[J]. 贵州化工, 2001, 26(4): 11 – 12.

[18] 舒万艮, 牛聪伟. 稀土光转换剂研究进展[J]. 稀土, 2000, 21(06): 64 – 66.

[19] 王正祥, 舒万艮, 周中诚, 等. 铕 – 芳香族有机羧酸 – 邻菲罗啉配合物的合成和荧光性能的研究[J]. 稀有金属, 2002, 26(4): 281 – 283.

[20] 周中诚, 舒万艮, 王正祥. $Tb_{(1-x)}Gd_xA_3$ (A = 邻氨基苯甲酸, $x = 0 \sim 1$) 固体配合物的光谱分析和荧光增强[J]. 光谱实验室, 2002, 19(5): 569 – 572.

[21] 舒万艮, 郑灵芝, 周中诚. 稀土硼酸盐荧光粉开发研究进展[J]. 稀土, 2002, 23(6): 77 – 79.

[22] 周中诚, 舒万艮, 阮建明, 等. $Tb_{(1-x)}La_xA_3$ (A = 邻氨基苯甲酸根, $x = 0 \sim 0.9$) 固体配合物的光致发光[J]. 稀有金属, 2003, 27(3): 354 – 356.

[23] 周中诚, 舒万艮, 阮建明, 等. 邻氨基苯甲酸稀土固体配合物的光致发光[J]. 稀土, 2003, 24(4), 22 – 25.

[24] 鲁路, 刘新星, 曾钫, 等. 用动态光散射跟踪钙 – 海藻酸水溶液凝胶化[J]. 高分子学报, 2007, 3: 297 – 300.

[25] 国家药典委员会. 中华人民共和国药典[M]. 2005 年版. 北京: 化学工业出版社, 2005: 324 – 326.

[26] CHEN Limiao, SUN Xiaoming, LIU Younian, et al. Preparation and characterization of porous MgO and NiO/MgO nanocomposites[J]. Applied Catalysis A: General, 2004, 265: 123 – 128.

[27] CHEN Limiao, SUN Xiaoming, LIU Younian, et al. Porous $ZnAl_2O_4$ synthesized by a modified citrate technique[J]. Journal of alloys and Compounds, 2004, 376: 257 – 261.

[28] Chiang J C, Macdiarmid A G. Polyaniline: A new concept in conducting polymers[J]. Synthetic Metals, 1987, 18(3): 285 – 290.

[29] 景遐斌, 王利祥, 王献红, 等. 导电聚苯胺的合成、结构、性能和应用[J]. 高分子学报, 2005, 5(5): 655 – 660.

[30] Bhadra S, Singha N K, Khastgir D. Electrochemical synthesis of polyaniline and its comparison with chemically synthesized polyaniline[J]. Journal of Applied Polymer Science, 2007, 104(3): 1900 – 1904.

附录

附录 1　氯化氢催化氧化及反应动力学虚拟仿真实验

软件操作包括 5 个模块，分别为氯化氢实验室安全、催化剂晶体结构与催化机理、催化剂制备、催化氧化反应、催化剂的表征。

用户进入系统后首先进行实验室安全的学习与测试。主要操作步骤如下：

1. 实验室隐患排查

1）检查实验室，确保没有金属粉末

提示：氯化氢一旦泄露，会与金属粉末（如：铝粉、镁粉等）混合引发爆炸。

2）检查实验室，确保没有明火

提示：由于检漏用的是氢气，一旦泄露，遇明火（电炉、酒精灯等）会引发爆炸。

3）佩戴防护设施

点击过滤式防毒面具，佩戴防毒面具。

点击护目镜，佩戴护目镜。

4）实验室事故应急处理

提示：在发现氯化氢气体压力表示数超过所需压力时，需要控制减压阀。

旋转减压阀（现象：逆时针旋转，压力示数由 0.5 MPa 降至 0.4 MPa，提示框显示"操作正确"；顺时针旋转，压力表示数由 0.5 MPa 逐渐增大，提示框显示"操作错误，管路中压力的突然增大，使得氯化氢反应装置上的一些管路泄露，氯化氢气体喷出来"）。

提示：当氯化氢发生泄漏时，没有佩戴防毒面具和护目镜，且已伤及皮肤、眼睛和吸入体内时，需要及时处理。

5）皮肤接触

提示：立即脱去被污染的衣着，用大量流动清水冲洗，至少 15 min，就医。

6）眼睛接触

提示：立即提起眼睑，用大量流动清水或生理盐水彻底冲洗，至少 15 min，就医。

7）吸入

提示：迅速脱离现场至空气新鲜处，保持呼吸道畅通。如呼吸困难，给输氧。如呼吸停止，立即进行人工呼吸，就医。

提示：当实验室内存在金属粉末试剂，发生着火时，需要用灭火器灭火。

当发生小火时，请选择灭火器进行灭火（如果选择泡沫灭火器，出现"选择错误"；如果选择干粉灭火器或二氧化碳灭火器，出现"选择正确，已成功灭火"）。

当发生大火时，请选择灭火器进行灭火（如果选择干粉灭火器或二氧化碳灭火器，出现"选择错误"；如果选择泡沫灭火器，出现"选择正确，已成功灭火"）。

2. 催化剂的制备

实验开始前选择要制备的催化剂：氧化铬催化剂、铬酸钴催化剂、铬酸锌催化剂。

选择完成后，操作步骤如下：

1）配制溶液

点击电子天平，确认电子天平是水平的。

点击水平仪，确认天平气泡处于中心位置。

打开电子天平开关，清零。

拖曳称量纸至电子天平，放在托盘上，清零（称量纸0.13 g）。

拖曳药匙至硝酸盐试剂瓶，称取约4 g（称量范围：3.90～4.10 g）。

点击称量纸，将称量纸上药品倒入50 mL烧杯中。

拖曳洗瓶至10 mL量筒，倒入10 mL蒸馏水。

拖曳量筒至50 mL烧杯，倒入烧杯，用玻璃棒均匀缓慢搅拌（现象：药品逐渐溶解完全）。

拖曳称量纸至电子天平，放在托盘上，清零（显示0.01 g，清零后显示0.00 g）。

拖曳药匙至柠檬酸，称取2.52 g。

点击称量纸，将称量纸上药品倒入50 mL烧杯。

拖曳1 mL吸量管至5%的聚乙二醇试剂瓶，吸取0.8 mL，转移到50 mL烧杯中。

拖曳玻璃棒至50 mL烧杯，缓慢均匀搅拌（现象：白色固体部分溶解）。

2）水浴加热，干燥

拖曳镊子至磁子，夹取磁子放在50 mL烧杯中。

拖曳烧杯至磁力搅拌器，放在磁力搅拌器上。

旋转右边调速旋钮至300 r/min，开始搅拌，搅拌30 min（磁子转动，白色固体逐渐溶解完全）。

旋转左边温度旋钮，调至80 ℃，继续搅拌120 min（现象：很黏稠的墨绿色液体，湿溶胶）。

拖曳镊子至50 mL烧杯，取出磁子放在实验台上。

拖曳50 mL烧杯至鼓风干燥箱，放在干燥箱中。

打开鼓风干燥箱电源开关。

设置温度为100 ℃，干燥8～12 h。

关闭鼓风干燥箱电源开关。

打开鼓风干燥箱箱门。

点击烧杯，取出烧杯，放在实验台上(现象：变为墨绿色蓬松蜂窝状干凝胶)。

3)焙烧，碾磨，过筛

拖曳 50 mL 烧杯至坩埚，将干凝胶转移到坩埚。

拖曳坩埚钳至坩埚，夹取坩埚，放在马弗炉中(坩埚要留有空隙)。

打开马弗炉控制箱电源开关(分别显示 20，20)。

按向上箭头键(下边为 20 和 STOP 交替闪烁)。

提示：设置焙烧温度。

输入范围为：

氧化铬催化剂：300~700；铬酸钴催化剂：500~750；

铬酸锌催化剂：400~700。

按 set 键(下边为 0 闪烁)。

提示：通过上下键，设置升温时间为 106 min。

按 set 键(下边为 20 和 STOP 交替闪烁)。

提示：通过上下键，设置温度(上面设置多少，这里直接设置多少就行)。

按 set 键(下边为 0 闪烁)。

提示：通过上下键，设置升温时间为 120 min。

长按 set 键，开始焙烧，焙烧结束后冷却(分别显示 20，所设置温度；20 不断上涨到所设置温度；上升到所设置温度后，出现进度条，显示焙烧 120 min。然后，再出现进度条，显示冷却中，温度逐渐下降到 25)。

关闭马弗炉控制箱电源开关。

打开马弗炉炉门。

拖曳坩埚钳至坩埚，夹取坩埚，放在实验台上(现象：坩埚中有墨绿色疏松的结晶物料)。

拖曳坩埚至研钵，倒入研钵。

点击研锤，开始研磨。

提示：请选择筛网(1 号筛网或 2 号筛网)。

下拉框的形式，1 号比 2 号大一个目数。

拖曳研钵至 1 号筛网，倒入其中，来回晃动，进行筛析。

拖曳筛网底座至催化剂回收瓶，将底座的固体转移到回收瓶。

拖曳 1 号筛网至 2 号筛网，倒入其中，来回晃动，进行筛析。

拖曳筛网底座至 125 mL 广口瓶，倒入广口瓶中，贴上标签。

提示：重复上述操作，依次得到 10~20 目，20~40 目，40~80 目，100~200 目和 200~300 目的催化剂，贴上标签。

3. 催化氧化反应

1)反应前准备工作

拖曳镊子至石英棉,夹取少量石英棉,放在石英反应管中。

提示:加入石英棉的目的是防止催化剂粉末被吹走。

打开电子天平开关。

拖曳称量纸至电子天平,置零。

拖曳药匙至一种催化剂,称取少量催化剂,记录质量 m1(任选一种催化剂,含焙烧温度(变量 1)和目数(变量 2))(提示框的形式,输入称量范围为:0.10 ~ 0.70 g)(变量 3)。

拖曳称量纸至石英反应管,放在反应管中。

拖曳镊子至石英棉,夹取少量石英棉,放在石英反应管中。

提示:加入石英棉的目的是固定催化剂床层。

拖曳石英管至管式炉,放在管式炉中。

提示:确保催化剂床层在正中间。

点击石英管左边卡套,将进气的卡套拧紧。

点击石英管右边卡套,将出气的卡套拧紧。

点击热电偶,插好热电偶。

提示:注意将热电偶的感应头紧挨第二次装入的石英棉。

点击缓冲瓶左边的橡胶管,连接缓冲瓶。

提示:依次连接饱和 NaCl→浓硫酸→三通阀→饱和 NaOH;饱和 NaCl→浓硫酸→三通阀→KI 溶液→饱和 NaOH。

各溶液的作用如下:

反应后的气体经饱和食盐水洗涤,除去未反应的氯化氢;浓硫酸用于干燥气体;KI 溶液用于吸收氯气,取样;剩余的尾气经饱和的 NaOH 溶液吸收净化后排空。

旋转三通阀 V17,使与饱和 NaOH 相通。

打开标准气钢瓶主压阀 V13。

打开标准气钢瓶减压阀 V14,使压力表示数为 0.1 ~ 0.3 MPa。

打开球阀 V15。

打开流量显示仪电源开关。

打开流量计阀门 V16。

旋转流量调节旋钮 X4,调节流量至 15 ~ 30 mL/min。

提示:用可燃气体报警器检测每个连接处。打开报警器,将检测数字调至临界值,然后靠近每个连接处。

若每个地方都不发出鸣叫声,则说明系统密封性很好,检漏过关;若有报警声,则需要将该处重新拧紧,重新检测,直到不再报警为止。

关闭流量计阀门 V16。

关闭球阀 V15。

关闭标准气钢瓶主压阀 V13(现象:主压阀压力表和减压阀压力表示数都逐渐降到 0)。

关闭标准气钢瓶减压阀 V14。

2)催化反应

打开氮气钢瓶主压阀 V1。

打开氮气钢瓶减压阀 V2，使压力表示数在 0.2~0.4 MPa。

打开球阀 V3。

打开流量计阀门 V4。

旋转流量调节旋钮 X1，调节流量（输入框的形式，只能输入 100 mL/min 或者 150 mL/min）（变量4）。

提示：通氮气的目的是吹扫催化剂床层，赶走残余空气。

打开管式电阻炉的控制仪电源开关（现象：初始上下均显示 10.0~30.0 之间的随机值）。

设置温度（温度范围为：300~440 ℃）（现象：SV 直接显示设置温度，PV 以 5 ℃/min 的速率升至设置温度，加上加速进度条，最多加快 200 倍）（变量5）。

打开氧气主压阀 V5。

打开氧气减压阀 V6，使压力表示数为 0.2~0.4 MPa。

打开球阀 V7。

打开流量计阀门 V8。

旋转流量调节旋钮 X2，调节流量（输入框的形式，输入范围为 5~40 mL/min）（变量6）。

立即打开氯化氢主压阀 V9，打开减压阀 V10，并使压力表示数为 0.2~0.4 MPa。

打开球阀 V11。

打开流量计阀门 V12。

旋转流量调节旋钮 X3，调节至 10 mL/min。

提示：检查一下，确保操作无误，并确保三通阀与饱和 NaOH 相通。

旋转三通阀 V17，使与饱和 NaOH 相通，开始计时。

提示：计时 2 h 后，将旋转三通阀与 KI 溶液相通（变量7）。

输入范围：2.00~98.00。

旋转三通阀 V17，使与 KI 溶液相通，计时 2 h（现象：盛有碘化钾的碘量瓶溶液颜色由无色逐渐变为棕黄色，棕黄色逐渐加深）。

提示：关闭各管路阀门，将碘量瓶放在暗处，待测定。

3）配制重铬酸钾标准溶液

打开分析天平开关。

点击盛有重铬酸钾的称量瓶，放在托盘上（显示：20.1570 g）。

按置零键进行置零。

点击称量瓶，往 100 mL 烧杯中倒入少量固体。

点击称量瓶，将称量瓶在托盘上，记录准确质量 m（重铬酸钾）（显示：-1.2200~1.1800 g）（自动返回干燥器，天平显示 -20.1570 g）。

拖曳洗瓶至 100 mL 烧杯，倒入少量蒸馏水，搅拌使溶解（加入 50 mL 水）。

拖曳 100 mL 烧杯至 250 mL 容量瓶，在玻璃棒引流下倒入容量瓶中。

提示：往 100 mL 烧杯中加入蒸馏水，按照少量多次的原则，将烧杯中重铬酸钾清洗干净，全部转移到 250 mL 容量瓶，定容至刻度线，摇匀。

4）润洗滴定管

提示：滴定管已清洗、检漏完毕。

从滴定台上取下通用型滴定管，稍微倾斜（旋塞为水平关闭状态）。

拖曳硫代硫酸钠溶液至通用型滴定管，倒入 10 mL 左右。

水平旋转滴定管，使液体浸润内壁。

将滴定管垂直，下口对准废液瓶，旋转旋塞至垂直状态，弃去管内液体。

提示：滴定管一定要用标准溶液重复润洗三次！并排除旋塞下的气泡！

5）装液，调零

拖曳硫代硫酸钠溶液至通用型滴定管，倒入至 0 刻度线以上。

拖曳滴定管至滴定台，固定在滴定台。

拖曳 100 mL 烧杯至滴定管下方。

提示：注意：手掌心不要顶住旋塞，避免松动造成漏液！

旋转旋塞至垂直状态，放出液体至 0 刻度线附近。

从滴定台上取下通用型滴定管，读数，记录体积 V_0。

提示：每完成一次滴定，需重新装满溶液，调至 0.00 刻度线附近。

读数时，需取下滴定管后保持垂直状态平视读取。

6）标定硫代硫酸钠溶液

拖曳 20 mL 移液管至 250 mL 容量瓶，吸取 20.00 mL，转移到碘量瓶中。

拖曳药匙至碘化钾试剂瓶，取约 0.1 g，加入碘量瓶中。

拖曳洗瓶至 25 mL 量筒，倒入 15 mL。

拖曳量筒至碘量瓶，淋洗碘量瓶。

拖曳硫酸试剂瓶至 1#5 mL 量筒，倒入 4 mL。

拖曳量筒至碘量瓶，倒入其中，盖上瓶塞，摇匀。

拖曳洗瓶至碘量瓶，加水水封。

提示：在暗处放置 5 min。

拖曳洗瓶至 25 mL 量筒，倒入 20 mL。

拖曳量筒至碘量瓶，淋洗碘量瓶四壁和瓶塞。

拖曳碘量瓶至滴定管下方。

旋转旋塞，开始滴定，边滴边振摇碘量瓶，滴至溶液呈现黄绿色（现象：溶液颜色逐渐变浅，之后变为黄绿色，滴定过量变为亮绿色）。

拖曳 5% 淀粉指示液试剂瓶至 5 mL 量筒，倒入 2 mL。

拖曳量筒至碘量瓶，倒入其中，摇匀（现象：溶液变为蓝黑色）。

拖曳碘量瓶至滴定管下方。

旋转旋塞，开始滴定，边滴边振摇碘量瓶，滴定至溶液蓝黑色逐渐变浅，最终呈现亮绿色（现象：溶液颜色逐渐变浅，之后变为亮绿色）。

从滴定台上取下滴定管，读数，记录体积 V，依据公式计算硫代硫酸钠的浓度。

是否重复进行硫代硫酸钠的标定？

注：如果选择是，则重新进行标定，如果选择否，则直接进行下一大步实验。

重复的话从步骤 5) 开始。

7) 装液，调零

拖曳硫代硫酸钠溶液至通用型滴定管，倒入至 0 刻度线以上。

拖曳滴定管至滴定台，固定在滴定台。

拖曳 100 mL 烧杯至滴定管下方。

提示：注意：手掌心不要顶住旋塞，避免松动造成漏液！

旋转旋塞至垂直状态，放出液体至 0 刻度线附近。

从滴定台上取下通用型滴定管，读数，记录体积 V_0。

提示：每完成一次滴定，需重新装满溶液，调至 0.00 刻度线附近。

读数时，需取下滴定管后保持垂直状态平视读取。

8) 测定转化率

拖曳碘量瓶至滴定管下方。

旋转旋塞，开始滴定，边滴边振摇碘量瓶，滴至溶液呈现黄绿色（现象：溶液颜色逐渐变浅，之后变为黄绿色，滴定过量变为亮绿色）。

拖曳 5% 淀粉指示液试剂瓶至 5 mL 量筒，倒入 2 mL。

拖曳量筒至碘量瓶，倒入其中，摇匀（现象：溶液变为蓝黑色）。

拖曳碘量瓶至滴定管下方。

旋转旋塞，开始滴定，边滴边振摇碘量瓶，滴定至溶液蓝黑色逐渐变浅，最终呈现无色（现象：溶液颜色逐渐变浅，之后变为无色）。

从滴定台上取下滴定管，读数，记录体积 V_2，计算转化率。

4. 催化剂的表征

提示：分别将反应前的催化剂和反应后的催化剂进行 BET、SEM、XPS、XRD 四种方法的表征，得到表征结果。

1) BET 测试表征

提示：实验开始前，请确保气瓶的气阀调至合适位置，并且处于打开状态，确保电压合适并且稳定。打开电脑系统，然后打开真空泵，最后再启动仪器本体。启动仪器需等待半小时，仪器稳定后再进行样品分析。

具体操作如下：

取样品管洗净并干燥后放入分析天平中称量其质量，记录质量。

取少量待测样品用纸槽装入样品管后放入分析天平中称量其质量，记录质量。

将样品管装入脱气系统中，连接气泵与样品管，设置加热温度开始加热，并将旋钮旋至分，连接处开始抽真空。

加热一定时间后将样品管移出，热一定时间后将样部分降温。降温结束后小心地打开气泵与样品管的连接，并将与样品管编号相同的塞子塞上。

将脱气后的样品管放入分析天平中称量其质量，记录质量。

将分析站上的杜瓦瓶与保护罩取下，向杜瓦瓶中装入足量液氮（液面没过检测管下部并低于小孔）。

将样品管套上套管后安装在分析站上,并将杜瓦瓶准确放置在分析站上,之后重新安装保护罩。

开机,设置参数,测试比表面积。

2)SEM 测试表征

提示:取微量样品粉末,用氮气吹去未黏附至检测表面的样品,仅保留极微量样品进行检测。将准备好的样品放入仪器中,调整放大倍数、焦距、亮度与对比度,拍照。

3)XPS 测试表征

提示:选取样品放置在载物台上并按压使其粘贴牢固,用洗耳球吹去样品表面灰尘。打开仪器舱门,将样品及载物台放正,置于仪器内,连接拉杆与载物台后关闭仪器舱门。设置软件参数,进行样品测试。

4)XRD 测试表征

提示:设置 XRD 仪器参数,分别测得反应前和反应后的催化剂的 XRD 结果。

附录 2 Phenom 飞纳台式扫描电镜简易操作步骤

1. 基本操作

1)装样

将制作完成的样品用专用镊子放入样品杯。

调平:顺时针方向旋低样品杯,保证样品的最高点和样品杯口平面持平。

调低:继续顺时针旋低五个刻度,即样品下降 2.5 mm。

插入样品杯,试样灯亮起,关闭舱门,舱门会自动锁上。

2)观察

在光学模式下找到要观测的样品,然后点击""切换到电子模式。调焦"",同时切换放大,辅以亮度、对比度调节"",细调的话需点放大图标,左上角出现"F"即可,焦距按钮同样,可以左上角出现后"F",进行细调。由低倍到高倍依次调节,直至获得最清晰的图片效果为止。

3)取图

建议"高倍聚焦,低倍拍照",即在较高倍数下调节焦距,然后保持焦距不变,缩小放大倍数拍照取图。在"setting"界面设置图像的分辨率(resolution)和图片质量(quality),一般不需要调整。修改图片名称"",返回"image"界面后点击拍照""即可保存图片。

4）退出

点放大按键，调放大倍数为最低后才能退出。

5）卸样

点击"image"界面的退出样品图标"⏏"，点击"√"确定，可实现舱门自动解锁，开锁灯亮，取出样品即可。点"settings"，点"standby"，再点击"√"确定。

2. EDX 能谱测试

1）分析

先在扫描电镜上点放大，调大图片，用焦距调清晰。用 EDX 能谱电脑，双击飞纳能谱软件，启动。双击元素分析按键按钮，点刷新按键，右下角绿灯亮，移鼠标到想测量的位置，需要在厚点的样品位置上，点击鼠标左键，开始分析。点"＞"按键，出现"Analisis"，点"AutoID"，取消自动。

2）元素选择

点到不存在的元素，用右键点击取消。

若缺少每种量少的元素，可用鼠标放在该元素上，右键点击进行增加。

含量可通过点击"Atomic concentration"和"Weight concentration"进行切换。

3）保存

改文件名，点击"Save project"保存文字和图像。

4）关电脑

点击电脑关闭。

附录3　麦克－比表面积与孔径分析仪操作流程

（1）先开启仪器的油泵、干泵及主机开关，后开启电脑，再运行比表面积与孔径分析仪的软件，显示仪器正常连接。

（2）定义样品文件中的默认值，选择高级模式"Advanced"（练习操作中无需进行这步，已设好）。

（3）建立待分析样品的样品分析文件。

①在主菜单中，选择文件"File"，打开"Open"，样品信息文件"Sample information"，将出现样品信息文件对话窗口。

②在文件名称"File name"栏目，接受默认值或建立新的文件名称。

③点击"OK"，然后"Yes"，便产生了文件，并出现样品信息对话窗口。显示的输入内容栏目，都采用默认值。

④在样品栏目接受默认值或输入适当值。如果在样品信息文件中，已含有与你将要建立和编辑的文件相同值的文件，点击替代"Replace all"，将恢复至相同参数状态，这些参数

仍可编辑。

⑤点击"Save"保存已输入的信息。

（4）完成样品信息文件里的剩余参数文件，包括：定义脱气条件；定义分析条件；定义吸附特性；定义报告内容选项。

点击相关标签，可以打开相应窗口，进行编辑。

（5）准备样品。

为了保证分析精度和重复性，样品预处理、清洁样品管、往样品管里加样、称质量等需要认真操作。

①选择样品管组件，它包括样品管、填充棒和自动密封头（或橡胶塞子）。

②样品上机分析前的预处理。

③确定样品分析用量（通常待分析样品能提供 $40 \sim 120 \ m^2$ 表面积，适合氮吸附，样品质量不要小于 100 mg。）

④称量样品质量。

a. 将样品管组件（样品管、塞子或自动密封头、填充棒）连同托盘一起放在天平上称质量，并记录样品管的空管质量。

b. 将样品放入样品容器中，称质量。

c. 重新称量含样品的样品管组件，并记录脱气前样品管总质量。

（6）样品脱气。

样品在真空环境下加热，从而去除样品表面的脏东西。这一步称为样品脱气。

点击菜单内"Unit"，选择脱气"Degas"，点击开始脱气"Star Degas"，出现以下菜单，点击样品"Sample"右侧的浏览键"Browse"，选择脱气文件，重复以上步骤可以同时对两个样品进行脱气。点击开始"Start"进行脱气。

（7）将脱气后的样品转移到分析口。

称量样品管总质量减去空管质量，得到脱气后的样品质量。套上保温套管至样品管泡处。在样品管头处安上连接头和密封圈，安装在分析口上，拧紧。将杜瓦瓶口盖，安在样品管上。拧好 Po 管并将其移到样品管的旁边。

（8）进行分析。

①在"Unit"菜单中选择开始分析"Start Analysis"，将出现对话窗口。

②选择要分析的文件，点击"OK"。

③确认分析参数，是否需要进行修改。

④点击开始"Start"进行分析，数据被采集并输出图形。

（9）输出分析结果列表文件。

（10）输出分析结果等温吸附和脱附线数据。

（11）产生分析结果的重叠曲线。

附录4 其他

1. 消化系统的解剖生理特征

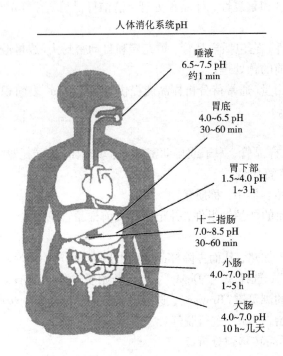

人体消化系统pH

唾液
6.5~7.5 pH
约1 min

胃底
4.0~6.5 pH
30~60 min

胃下部
1.5~4.0 pH
1~3 h

十二指肠
7.0~8.5 pH
30~60 min

小肠
4.0~7.0 pH
1~5 h

大肠
4.0~7.0 pH
10 h~几天

2. 骨架型扩散释放模型

在 t 时间，扩散量 Q_t/Q_∞ 与时间存在以下关系：

$$M_t/M_\infty = Kt^n$$

将药物释放动力学曲线的进行拟合，则

1）零级释药

$$M_t/M_\infty = K$$

2）一级释药

$$\ln(1 - M_t/M_\infty) = -Kt$$

3）Higuchi 方程

$$M_t/M_\infty = Kt^{1/2}$$

式中：M_t 为 t 时间的释药量；M_∞ 为 t_∞ 时的释药量。